AF573525

15

RAPPORT

FAIT A LA

SOCIÉTÉ D'AGRICULTURE, SCIENCES ET ARTS DE LA SARTHE

SUR LE

CONCOURS AGRICOLE DÉPARTEMENTAL

POUR

L'ARRONDISSEMENT DE MAMERS

PAR UNE COMMISSION

Composée de MM. Edouard GUÉRANGER, LEPRINCE, VÉREL, DUGRIP, HAMARD, directeur de la ferme-école, LEGRIS, RACOIS, *secrétaire-rapporteur*

LE 19 AOUT 1864

MESSIEURS,

Le progrès agricole est une des grandes préoccupations de notre époque ; Le Gouvernement et, à sa suite, les Sociétés d'encouragements provoquent ou favorisent le mouvement ascensionnel.

On cherche à tirer de leur somnolence sur l'oreiller de la routine, les cerveaux paresseux et sans initiative.

La mécanique, la chimie, la physique, toutes les Sciences naturelles apportent leur concours et tentent la solution des problèmes qui intéressent le plus l'agriculture.

C'est dans ce but que vous avez créé l'institution des Concours Agricoles départementaux, qui est une chose éminemment utile, car c'est la sanction et le complément des Comices.

Son Exc. le Ministre de l'Agriculture et du Commerce vous ayant accordé une somme de cinq cents francs à distribuer cette année en primes d'encouragement, vous y avez ajouté de votre caisse, des ouvrages d'agriculture et des médailles de vermeil, d'argent et de bronze à distribuer aux cultivateurs qui auront le mieux dirigé leur exploitation.

Vous avez décidé, Messieurs, que, comme les années précédentes, afin de procéder avec mesure et méthode, le Concours n'embras-

1865

serait qu'un arrondissement, et que pour 1864, ce serait celui de Mamers.

Cette décision ayant reçu la plus grande publicité, et votre Commission d'inspection ne pouvant comprendre dans les tournées que les cultivateurs qui auraient exprimé le désir de concourir, 42 fermes ont été inscrites et visitées par les Commissaires, les 20, 21, 30 juin, 1er, 2, 5, 6, 13, 14 et 20 juillet dernier.

Dans leurs visites, vos délégués se sont occupés sérieusement des progrès pratiques de notre agriculture.

Aujourd'hui, Messieurs, je viens, au nom de la Commission dont je suis l'organe, vous faire rapport de ses visites en vous signalant les fermes qu'elle a reconnu les plus méritantes, soit dans l'ensemble des cultures, soit dans une partie quelconque des pratiques agricoles. La Commission a tenu un compte raisonnable dans les appréciations, des difficultés vaincues dans les exploitations les plus modestes au point de vue de l'étendue. Elle a dressé procès-verbal qui restera à vos archives, de toutes les opérations ; mais mon rapport se bornera à vous rendre compte des fermes qui ont droit à vos primes, suivant la Commission, en vous exprimant les motifs de leur mérite.

Dès 1850, et dix ans plus tard en 1860, votre Société fit un semblable Concours dans l'arrondissement de Mamers. La Commission a retrouvé cette année au nombre des concurrents, plusieurs cultivateurs primés aux époques dont je parle.

Elle a comparé, d'après les rapports faits, l'état de ces exploitations, les modes de culture d'alors avec le système d'aujourd'hui, et a trouvé une amélioration sensible ; ce qui donne la preuve évidente que vos conseils ont été compris et que vos récompenses ont stimulé les cultivateurs qui refusaient encore d'écouter la voix du progrès et les ont convaincus que les améliorations qu'on leur propose ne sont plus du domaine exclusif de la théorie, mais se trouvent réalisées à côté d'eux d'une manière frappante.

Des 42 fermes visitées, 23 ont droit à vos récompenses dans une juste proportion que la Commission a appréciée et dont elle vient vous rendre compte dans l'ordre de l'itinéraire qu'elle a suivi, en vous laissant juges du mérite de chacune d'après les impressions qu'elle a eues dans ses visites et dont elle va vous faire part.

Sans aucun doute, il y en a parmi les 19 autres qui ont aussi leur mérite à certains points de vue et, bien que la Commission ne les ait pas trouvées dans des conditions suffisantes pour être primées par vous, elle les a comprises dans son procès-verbal d'inspection que vous pourrez consulter à vos archives, sans vous les signaler dans ce rapport déjà trop étendu, afin de ne pas fatiguer votre attention.

1° La Ferme de la Taille, à Bonnétable.

A un kilomètre de cette ville, sur la route n° 14 d'Authon à Sillé-le-Guillaume, il existe un lieu nommé la Taille, qui fut une grande exploitation rurale, et qui depuis a été divisé en quatre parties, dont une composée de 9 hectares labourables, appartient pour deux tiers à M. MORIN BONTEMPS, commerçant à Bonnétable, et pour l'autre tiers à sa belle-sœur qui le lui afferme pour 300 francs par an et les impôts.

M. Morin possède en outre un champ de 88 ares, situé dans la ville, qu'il a annexé à la Taille, ce qui compose un tout de 10 hectares qu'il fait valoir, dont le sol est doux et sableux, mais avec sous-sol de roc.

Rien de remarquable dans les bâtiments.

Cour bien nivelée et propre avec accès facile à la route.

Vacherie et écurie propres et avec bon système d'aération, pourvues d'animaux ordinaires, mais en bon état et en quantité suffisante pour l'exploitation.

Huit petits porcelets de l'année sont à la porcherie.

Purins mal réservés, sans économie ; on les laisse couler à une fosse où ils subissent l'action de l'air et sont absorbés sans utilité.

Bien qu'on jette dans cette fosse des terres de curures et des grettes pour en faire un compost, il serait infiniment préférable de faire couler les purins, si fertiles, par les sels qu'ils renferment, à un bassin recouvert de portes ou planches pour les soustraire à l'action du soleil et des intempéries, en les tirant par une pompe, ou au crochet, pour arroser la fosse à fumier et les composts.

Instruments aratoires du pays, mais bons et bien conservés sous un hangar.

M. Morin nous a paru un homme intelligent et laborieux qui profitera des conseils que la Commission lui a donnés au point de vue de l'économie dans ses engrais.

Issu de parents commerçants, et industriel lui-même, il a des goûts d'agriculture et s'est inspiré des principes élémentaires de cet art, par la lecture de petits livres; bien qu'il ne pratique sérieusement que depuis novembre 1863, il a fait sur sa terre de vraies cultures de jardin.

Assainissement de fossés creusés et débarrassés de ronces et épines qui les obstruaient; défrichement de chaintres, arrachage de haies, transport des terres en provenant sur les champs, labours profonds avec fumure bien entendue ; pâtures levées et converties en prairies artificielles; belles céréales de blé, seigle, orge plantée de trèfle bien fourni ; avoine, chanvre, vesces, vescerons; le tout sur des étendues en rapport avec l'assolement triennal qu'il adopte.

Carottes, haricots, pommes de terre, trèfle américain, moutarde ; luzerne faite en mars, déjà coupée une fois, bien tallée et abondante ; beaux et jeunes arbres fruitiers, bien abrités, bêchés au pied et rigoureusement épluchés.

Champs bien clos de jeunes haies.

Telles sont les améliorations de M. Morin et les cultures qu'il fait. Tout est utilisé, rien n'est inculte et ses produits sont d'une beauté remarquable et nets de mauvaises herbes. Nous l'avons engagé à persister; l'avenir lui prouvera que la terre, quelqu'en soit le sol, n'est jamais ingrate : elle rend au centuple ce que le cultivateur laborieux lui donne.

Nous pensons, Messieurs, que bien qu'il ne soit qu'à l'état d'ébauche, le travail de M. Morin doit être encouragé par une mention honorable spéciale.

2° La Ferme des Loties, à Courcival.

Cette exploitation que dirige M. le marquis de Courcival à l'aide d'ouvriers cultivateurs et de domestiques, se compose de 44 hectares de terres labourables et de six hectares de prés, dont cinq fauchables et un en pâture.

Créée de diverses parcelles acquises à des époques différentes par le propriétaire, elle ne forme un tout que depuis quatre ans, ne produisait pas alors un revenu annuel de plus de 1,000 francs et nourissait 4 petites vaches et deux mauvais chevaux.

M. le marquis de Courcival l'a transformée complétement.

Des bâtiments remis à neuf, beaux, bien distribués et propres, rayonnent autour d'une vaste cour encaissée et bien nivelée, avec rigoles d'écoulement des eaux pluviales à une mare au bas. Au milieu de cette cour, grande auge en pierre à trois compartiments séparés par un étranglement, pour abreuver les bestiaux; à côté, pompe pour les besoins de la maison.

Laiterie fraiche et propre où est une baratte tournante en fer blanc pour la fabrication prompte et facile du beurre.

Ecuries et étables sous plafond formant grenier à fourrage ; grange à herbe à côté.

Bonne aération par fenêtres cintrées à ventaux mobiles, et par des trous ventilateurs pratiqués dans les murs, que l'on ouvre et bouche à volonté.

Bonnes distributions pour les bestiaux qui, étant attachés par des chainettes, ont accès à une grande mangeoire commune par des cases séparées devant lesquelles est un trottoir de service pour la vachère ; du côté opposé, l'auge à manger des veaux ; box pour taureaux dans l'étable ; mêmes dispositions pour juments et poulains dans l'écurie.

Réserve des purins par des conduits, sous la fumière entourée de murettes, à un bassin derrière, d'une dimension de deux mètres carrés, d'où l'on tire le jus à l'aide d'une pompe dans un tonneau d'arrosement.

Grange immense, d'une hauteur de dix mètres, avec deux portes charretières ; charpente en chêne et à boulons, système des chemins de fer.

Vaste et frais cellier pour la boisson.

Appartement pour dépôt de pommes de terre et de betteraves pendant l'hiver.

Toits à porcs bien distribués et bien aérés, avec parc clos au-devant et caniveaux pour l'écoulement des urines qui sont utilisées.

Grande bergerie avec rateliers à crémaillère, où la litière est laissée deux à trois mois sans l'enlever, mais en y étendant chaque jour une légère couche de paille.

Remise pour charrettes et autres instruments aratoires se composant d'araires, extirpateurs et coupes-racines Bodin, versoirs Mettray, charrues et herses beauceronnes, herse Valcour, houe à cheval, charrue-fouilleuse, concasseur Lemarchand, hache-paille Pinet, trieur Pernollet, tarare Lotz, machine à battre Lemarchand avec manège couvert, et chaudière Charlot.

Les terres des Loties étaient dans le plus mauvais état quand M. le marquis de Courcival en entreprit l'amélioration. Il fit arracher 12,000 mètres carrés de haies ; défricher, défoncer et bouleverser en tous sens une étendue de six hectares ; fit un bon drainage sur onze hectares dont l'eau sert à arroser les prés : puis, à l'aide de labours profonds, de fumures provenant de ses étables et de sa bergerie, d'amendements par l'emploi de la chaux, la charrée, le guano, et, cette année, le noir animal sur défrichement, il est parvenu à obtenir de ses terres, année moyenne, 40 doubles-décalitres de froment, autant d'avoine, de méteil et de seigle, par étendue de 44 ares.

Ses prés de six hectares environ lui rapportent de 16 à 18,000 kilogrammes de foin.

Ses autres fourrages ne lui donnent pas moins de 10 à 12 charretées de trèfle et hivernage.

M. de Courcival nourrit sur sa ferme 22 bêtes bovines, race cotentine croisée mancelle, cinq juments, et un poulain race percheronne, 89 moutons à leur premier croisement Sauth-Down.

Sa porcherie est de race craonnaise, mais médiocre.

Il a un taureau cotentin d'une beauté remarquable.

Nous devons vous signaler un système d'ensemencement importé de la Beauce, adopté par M. de Courcival.

Au mois d'avril dernier il fit deux hectares vingt ares d'orge et cinq hectares vingt-huit ares d'avoine, après deux labours pratiqués avant l'hiver, sans autre préparation qu'un hersage à trois dents avant la semence et un de bout après.

Son orge et son avoine étaient de toute beauté et sans herbes.

Ce système offre un avantage immense, dans les terres mouillantes surtout, où les labours se font difficilement et où les mauvaises herbes croissent abondamment.

Nous avons vu, en outre, sur la ferme des Loties, de très-belle luzerne, de bon hivernage, du ray-gras d'Italie, des choux de Poitou et des betteraves magnifiques.

La comptabilité de M. de Courcival est régulièrement tenue par son fils ; elle constate les produits nets suivants : depuis 4 années.

1re	1,300 francs.
2e	1,700
3e	2,031
4e	3,133

Comme ont le voit, il y a progression successive résultant des améliorations et du bon système de culture.

Nous n'avons vu que la ferme des Loties sans nous occuper des prairies que fait valoir en dehors M. le marquis de Courcival, et dont les produits annuels, grâce aux irrigations qu'il y a faites, ne seraient pas inférieurs à 2,700 ou 3,000 fr., la nourriture des chevaux de son château en sus.

La Commission, Messieurs, considérant que la ferme des Loties, dirigée par M. de Courcival est un modèle d'agriculture dans le pays, vous propose de lui accorder un de vos prix.

Se rendant de Courcival à Rouperroux, la Commission a remarqué sur la route, des bâtiments d'une construction toute nouvelle, dépendant d'une ferme nommée la Roussellière, appartenant à M. le duc de Bisaccia, exploitée par M. Baudry, cultivateur.

Bien que cette ferme n'ait pas été inscrite, la Commission a visité ses constructions et doit vous en dire un mot.

Au tour d'une cour parfaitement encaissée, sont : l'habitation du fermier, la grange, les écuries et étables d'une hauteur de trois mètres sous solives, d'une beauté et d'une propreté remarquables, parfaitement distribuées et bien aérées, avec couverture en tuiles creuses cannelées, système du midi.

Ces constructions ont attiré notre attention comme offrant une amélioration qui intéresse les propriétaires, d'abord par la forme des tuiles qui résistent mieux aux intempéries, et ensuite par l'emploi de briques creuses d'une forme nouvelle pour faire les planchers. Ces briques longues de 40 centimètres sur 18 de large, sont posées et scellées l'une à l'autre sur des solives distancées de 30 centimètres environ.

Ce système de planchéiage à le triple avantage, d'être solide, peu coûteux, et de mettre les fourrages à l'abri des émanations de la chaleur des étables.

De Bonnétable à Saint-Denis-des-Coudrais, la Commission s'est arrêtée à Saint-Georges-du-Rozay, pour voir une ferme nommée la *Mallerie*, du domaine aussi de M. le duc de Bisaccia, laquelle n'a pas été inscrite au concours parce que le fermier l'aurait ignoré.

La Commission en a éprouvé le plus vif regret; mais, pénétrée du but de sa mission, qui tend à combattre chez les cultivateurs de la campagne la routine aveugle et les préjugés qui les empêchent d'accueillir les procédés nouveaux, elle aurait cru manquer à son devoir si elle n'eut pas visité cette ferme hors concours, pour la comprendre dans le rapport qu'elle vous fait.

Il y a trois ans, la Mallerie n'était qu'un bordage de 13 hectares 20 ares de terre labourable et de 24 hectares 88 ares de pâtis et broussailles qui étaient considérés par tous les habitants comme non susceptibles d'être cultivés.

M. Benjamin Desrues, jeune cultivateur de la Beauce, que M. Maury, régisseur du domaine de Bonnétable, connaissait et dont il avait su apprécier le mérite agricole, vint louer cette ferme par bail de 18 années dont 3 sont faites, moyennant un fermage de 1,150 fr. avec droit d'ensemencer à sa volonté.

Depuis cette époque, il a défriché toutes les terres, fait des labours profonds, et en planches, et, là où l'on ne rencontrait que broussailles, la Commission a trouvé 7 hectares 40 ares du plus beau blé possible; 8 hectares d'orge et d'avoine, dans le meilleur état; le tout net de mauvaises herbes.

Déjà, 4 hectares au moins de luzerne d'un à deux ans offrent un fourrage abondant et de qualité parfaite. Chaque année, M. Desrues se propose d'augmenter cette quantité, jusqu'à 15 à 18 hectares; il espère conserver sa luzerne au moins 6 ou 8 ans;

il ne la détruira au surplus que lorsque le produit diminuera de manière à ne plus donner de coupes satisfaisantes.

Ce qui nous a frappés dans l'examen de cette exploitation, c'est le résultat obtenu par des labours soignés et des hersages souvent répétés; car M. Desrues n'a encore pu produire qu'une quantité peu considérable de fumier. Trois hectares au plus de prés naturels dépendent de la ferme; aussi n'a-t-il pu nourrir jusqu'à ce moment que 4 ou 5 bêtes bovines et 3 chevaux.

Dès cette année, le bétail sera doublé; un troupeau de 40 ou 50 têtes trouvera facilement sa nourriture; ce nombre s'augmentera chaque année de près de moitié.

M. Desrues est le premier qui ait introduit l'usage de semer ses avoines au printemps, au moyen de hersages faits sur des labours pratiqués avant l'hiver; avantage immense pour des terres mouillantes dont la culture se faisait difficilement au printemps. La charrue beauceronne dont il se sert, offre l'avantage d'être dirigée facilement par un seul homme, même avec trois chevaux et dans des terres très-difficiles.

M. le marquis de Courcival, dont nous venons de vous parler tout à l'heure, s'est empressé de suivre l'exemple de M. Desrues.

Les instruments aratoires employés à la Mallerie sont : la charrue, la herse et le rouleau Beaucerons, l'araire Mettray, la batteuse en travers avec nettoyage monté sur un chariot, système Lecoq; M. Desrues a un atelier de charronnage et de petite forge pour réparer lui-même ces instruments.

Tous ses ensemencés sont roulés au mois de mars.

La cour de la ferme est immense et belle; des étables, écuries et bergerie sont nouvellement construites, parfaitement distribuées et les planchers sont faits en briques creuses comme je viens de vous le dire en parlant de la Roussellière. — Les purins s'écoulent des écuries et étables, par des caniveaux, à la fosse à fumier en face.

Les engrais sont transportés et enfouis au fur et à mesure, c'est-à-dire, tous les mois environ. Le jardin potager est beau et abondant; le personnel de la ferme compte, M. Desrues et sa jeune femme non moins intelligente que lui; deux hommes journaliers et un pâtre.

M. Desrues tient une comptabilité suffisante pour se rendre compte; il a un journal où il inscrit ses recettes et dépenses qu'il reporte sur un autre livre par *Doit et Avoir* au compte particulier de chaque nature de produits de sa ferme.

La Commission pense qu'avant six ans, la ferme de la Mallerie, considérée comme de nulle valeur, deviendra l'une des plus belles des environs de Bonnétable.

M. Desrues, accueilli d'abord par tous les cultivateurs du voisinage avec cet esprit de défiance et de malveillance malheureusement trop commun contre toute idée nouvelle, sera sous peu un exemple que les cultivateurs suivront; déjà le laboureur qu'il a formé a été demandé par un assez grand nombre de ses voisins pour montrer son système de labourage.

Nous sommes heureux, Messieurs, de vous signaler ce jeune cultivateur, que nous regrettons encore une fois de ne pas avoir vu se porter concurrent.

Nous sommes d'autant plus heureux de voir ses améliorations et celles de MM. de Courcival et Morin, qui tous trois sont du canton de Bonnétable, que ce canton est le seul de l'arrondissement de Mamers, de la Sarthe peut-être, qui, depuis l'institution des Comices agricoles, n'en ait pas créé un. Nous devons dire, cependant, que nous avons appris dans nos excursions que, grâce à l'initiative de M. Dausse, sous-préfet de Mamers, il allait s'en former un.

3° La Ferme de Villiers,

Située commune de Vivoin, canton de Beaumont-le-Vicomte.

Cette exploitation est la propriété de M. de Borde, de Fougères.

Elle renferme 70 hectares 40 ares de terre labourable, prés et pâtures.

M. Louis Pichon, cultivateur, en est fermier, par bail de 16 ans dont deux sont faits, pour 4,000 fr. par an et les impôts en sus.

Personnel.

Le maître et la maîtresse, neuf domestiques à gages, dont six hommes, parmis lesquels un conducteur et un pâtre, deux filles vachères et trois journaliers.

Bâtiments.

Autour d'une vaste cour bien nivelée et propre, l'habitation du fermier trop petite pour ses besoins, mais bien distribuée et confortable par l'état de propreté vraiment admirable qu'on y trouve, ce qui fait honneur à Mme Pichon que nous pouvons citer comme un exemple d'ordre et de bonne direction, au point de vue de la vraie ménagère.

Dans un appartement au nord, du côté opposé à la cour, bien frais et calme, éclairé par un demi-jour, la laiterie parfaitement soignée, avec rayons en planches, pavage lavé et vases bien nettoyés. On se sert d'une baratte à manivelle et à volant pouvant fabriquer de 12 à 15 kilos de beurre en peu de temps.

Cave suffisante et bien fraiche, ouvrant sur la cour, avec beau pressoir qui en dépend.

Étables et écuries insuffisantes pour les besoins de l'exploitation, mais bien distribuées, hautes, sous solives et parfaitement aérées, propres et tenues avec soin; planchers faisant greniers à fourrages.

Trottoirs de service pavés et en pente pour l'écoulement des purins à la fumière et à une fosse au bout recevant un mélange de chenevottes, curures de la cour, poussiers, boues et déchets de la lavanderie, dont on fait un compost pour fumer les prés; et l'excédant des jus sert à arroser le pâturail.

Grange vaste et haute avec deux grandes portes charretières.

Toits à porcs à cinq compartiments, avec pavage et auges en pierres; planchéiage faisant grenier, et bon système d'aération par des ouvertures cintrées; volets de service à trappe se poussant et fermant à volonté avec clanches à l'extérieur.

Parc clos au-devant avec fosse à purins.

A l'extrémité, un fournil avec chaudière pour la cuisine des porcs. A l'un des bouts de la cour, bel hangar bien couvert, pour remiser les voitures et instruments aratoires, consistant en : charrettes, tombereaux, charrues et herses du pays, en bon état; machine à battre, système Benoit du Mans, avec manège couvert.

Bestiaux.

Trente-deux bêtes à cornes, dont un taureau, race normande, tous d'une beauté remarquable, sont les sujets des étables.

Les écuries sont occupées par cinq juments et trois chevaux dont un étalon approuvé par l'administration.

Rotation et Culture.

L'assolement est quadriennal; le fermier fait la quatrième année, moitié potages et moitié guéret.

Les céréales en terre, les plantes sarclées et les luzernes sont magnifiques.

On a fait 30 ares d'une variété de petites pommes de terre que nous avons vues, prisées par leur grande production et leur excellente qualité.

Le jardin ne laisse rien à désirer; parfaitement distribué, bien clos de haies vives, qu'on a le soin de tailler, on y trouve l'utile et l'agréable par une belle production de légumes et de fruits, et par des plantations d'arbustes.

Les champs de cette ferme sont en très-bon état de cloture, avec voies d'accès faciles et bien entretenues.

Tel est, Messieurs, le bel ensemble de cette grande exploitation rurale au point de vue de l'agriculture de notre pays. Tout y respire l'entente, l'ordre, l'intelligence agricole et la praticulture.

Les terres ne rapportent pas moins de 40 à 45 hectolitres de grains par hectare.

Une seule chose est regrettable, mais ce n'est pas la faute du fermier; les bâtiments, quoique bien distribués, sont insuffisants pour l'habitation du personnel et l'exploitation de la ferme; quelques innovations suffiraient pour les mettre en meilleur rapport avec son étendue.

La Commission pense, Messieurs, que M. Pichon a droit à vos récompenses et vous propose de lui accorder un prix.

4° La Vigne, commune de Chérancé.

De Villiers, la Commission s'est rendue au lieu de la Vigne, commune de Chérancé, canton de Beaumont, petite ferme de 14 hectares 77 ares 73 centiares, en terre labourable et prés, de nature argilo-siliceuse, appartenant à M. Geslin-Lemaigre, propriétaire à Fresnay, qui la fait valoir sous sa direction à l'aide de domestiques à gages, mariés. Cette exploitation fut créée il y a douze ans environ, par feu M. Guilloux qui la loua 600 francs par an à deux fermiers successivement, mais qui n'y firent rien; elle est devenue la propriété de M. Geslin qui la fait valoir depuis le premier novembre dernier seulement.

Pourvue de bâtiments suffisants et confortables avec cour au milieu bien encaissée, M. Geslin a fait des dispositions pour l'économie des purins, en creusant et murant un bassin de réserve qui les reçoit par des rigoles pratiquées à cet effet.

Bel hangar pour remiser les instruments aratoires qui sont du pays, mais bons, et parmi lesquels on remarque une herse-demoiselle et une chaudière économique, système Charlot.

Beau jardin potager bien planté.

Fumure bien entendue par un mélange de débris, curures de cour et de fossés, dont on fait un compost fertilisant.

Clôtures des champs et voies d'accès en bon état.

Plantation d'arbres fruitiers en remplacement de peupliers qui existaient.

Bestiaux en quantité suffisante.

Défoncement de vieux chemins dont on a levé les terres qu'on a mélangées à de la chaux pour fumer les prés qui, dans les parties où ces terrassements ont eu lieu, présentent déjà à l'œil une herbe bien mieux poussée et plus abondante.

Marnage à 40 mètres cubes par étendue de 44 ares bien que les marnières soient à 12 kilomètres du lieu.

Drainage commencé et déjà fait sur 1 hectare 30 ares de terre.

Prairies artificielles sur un hectare 32 ares en parfait état.

Les céréales sont magnifiques et les betteraves très-belles.

Tel est ce petit lieu vraiment remarquable par les travaux d'amélioration faits en si peu de temps.

M. Geslin est un ancien commerçant qui a des goûts d'agriculture. Sa résidence est à Fresnay, où il cultive encore d'autres terres près la ville ; il n'en va pas moins toutes les semaines, et souvent à pied, jeter le coup-d'œil du maître et diriger ses travaux agricoles à la Vigne.

En continuant ces amendements, le système de culture qu'il a adopté, M. Geslin triomphera des critiques dont il est l'objet comme tant d'autres quand il s'agit d'améliorer.

La Commission en le félicitant l'a engagé à persévérer.

Aujoud'hui, et bien que les travaux de M. Geslin ne soient qu'à l'état d'ébauche, la Commission vous propose de l'encourager par une mention honorable spéciale.

5° La Ferme de Saint-Thibault,

Située à Saint-Germain-de-la-Coudre, canton de Beaumont.

Elle se compose de 50 hectares, dont 32 seulement sont affermés à M. Bonouvrier, cultivateur, par bail de douze ans dont huit restent à faire.

Le sol est argileux et très-compacte.

Personnel.

Le fermier, sa femme, deux enfants travaillant, trois domestiques et un pâtre ; deux ascendants de la famille qui s'occupent constamment de la ferme et du ménage ; tel est le personnel de l'exploitation.

Bâtiments.

Ils sont suffisants, confortables et propres.

Les étables et écuries sont hautes et bien aérées, pourvues de box pour mères et élèves, avec écoulement des purins par une grille en fer et des tuyaux en terre, à la fumière, puis à un bassin de réserve profond et muré, que l'on vide au seau, pour arroser les prés et les potages et au besoin les champs ; dans ce dernier cas, à l'aide d'un tonneau d'arrosement placé dans un tombereau.

Plus loin, dépôt de feuilles, déchets et curures mélangés au jus de la fosse qui s'y rendent et dont on fait des composts pour fumer les prés.

Toits à porcs construits d'après le système Grignon, à quatre compartiments séparés par des clôtures en bois à coulisse, et à hauteur d'appui ; corridor au milieu pour le service des auges sans entrer dans les cases, avec porte à chaque extrémité du corridor pour l'égalité de température ; pavage en briques et à ciment, avec facilité d'écoulement des purins qui sont utilisés : bonne aération par la hauteur du plancher réservant un grenier à chanvre.

Bestiaux.

Seize belles bêtes à cornes, race Mancelle, sont à l'étable.

Quatre Juments, une Pouliche d'un an et trois Poulains de l'année font l'écurie.

Cinq Porcelets croisés New-Cester, et quatre plus vieux, race Craonnaise pure, occupent la porcherie.

Rotation et culture.

L'assolement est quadriennal.

Les ensemencés sont généralement bons, faits avec soin et sans mauvaises herbes.

Nous avons vu 3 hectares 50 ares de plantes sarclées très-belles.

Le potager est bien soigné et planté de beaux choux pour les bestiaux.

Instruments aratoires.

Charrettes, charrues et tombereaux de pays, araire Dombasle, fouilleuse Ve Foubert, herse-demoiselle ; le tout remisé sous un beau hangar ; chaudière en fonte et baratte Mettray.

Améliorations dues aux travaux intelligents du Fermier.

Avant M. Bonouvrier, trois fermiers se sont succédé à cette ferme et l'ont mise dans le plus mauvais état en négligeant l'assainissement des fossés qui ne laissaient plus s'écouler les eaux qui affluent des hauteurs avoisinantes ; mauvais labours, si peu profonds qu'ils laissaient à peine l'eau s'infiltrer dans les terres, et l'argile était tellement compacte en temps de sécheresse que la charrue n'y pénétrait pas.

Les récoltes étaient mauvaises et pleines d'herbes, et, malgré les sacrifices du propriétaire qui, en dernier lieu avait affermé à moitié dans le but d'une amélioration efficace, ses efforts étaient venus se briser contre l'incapacité et l'incurie du colon.

C'est dans cet état que se trouvait la ferme quand M. Bonouvrier la prit en 1859. Il ne recula devant aucuns sacrifices, aucuns travaux.

Faire des guérets convenables, multiplier les labours en détruisant les mauvaises herbes, acheter des fumiers pour suppléer au peu d'engrais qui restait, ce qui lui a coûté 800 fr. au moins ; faire des prairies artificielles, fumer ses prés et mettre une économie bien entendue dans l'alimentation de ses bestiaux, furent les moyens qu'il employa et, malgré l'insuccès pendant les deux premières années, au point de vue du rendement des blés, il n'en continua pas moins, surtout en fumant ses prairies qui, de mauvaise qualité devinrent de bons prés qui lui rendirent abondamment.

Par la grande quantité de litière qu'il se procura dans les bois de la réserve, il donna beaucoup à la terre ; il fit des labours profonds et parvint, la troisième année, à une moyenne de rendement en gros blés, de 37 doubles décalitres et de 47 à 50 en menus grains par journal de 44 ares.

La quatrième année fut meilleure encore, et, aujourd'hui, il a doublé le rendement qui, en 1859, donnait 24 doubles décalitres à peine.

Enfin, M. Bonouvrier a refait presque tous les fossés négligés par ses prédécesseurs.

Pendant les deux derniers hivers, il a fait et planté 600 mètres de haies neuves avec fossés.

Huit cents mètres de chaintres ont été arrachés et bêchés cette année et, au moyen de ces terrassements, il a pu, en rendant à la culture un terrain couvert de bois de peu de valeur, étendre sur ses champs une terre neuve d'un excellent effet.

L'un de ses prés qui, avant était en pâture, et ne rapportait que 2,000 kilogrammes de foin a l'hectare, lui en donne maintenant 4,500 kilog, de première qualité. Il a su agrandir ce pré par la réunion qu'il y a faite d'une portion de vieux chemin resté sans emploi et en y comblant une excavation qui faisait mare, par 450 tombereaux de terre prise à plus de 400 mètres de chez lui, provenant d'un découvert fait sur une pièce d'eau, et de l'arrachage d'une haie séparative de deux champs qu'il a réunis.

En outre, il a utilisé des eaux de déris venant des hauteurs, en les dirigeant dans ce pré qu'elles arrosent et fertilisent, par un canal en fonte qu'il a placé sous le sol du chemin qui est à côté.

En résumé, M. Bonouvrier, dans un délai de quatre années, est parvenu, malgré la critique routinière et malveillante de certains cultivateurs jaloux qui employaient tous les moyens pour le dégoûter de ses idées de progrès, à se placer au premier rang des meilleurs de la contrée; et ceux qui le blâmaient sont les premiers à reconnaître son aptitude et commencent à l'imiter. L'emploi qu'il fait des instruments aratoires perfectionnés a transformé la nature du sol; les labours s'y font facilement et avec une force motrice moins considérable qu'avant.

La Commission doit vous dire que si M. Bonouvrier est un excellent cultivateur, il est parfaitement secondé par sa femme qui apporte dans l'élevage des bestiaux un soin et une aptitude que peu de fermières possèdent à plus haut degré.

Nous pensons que vous donnerez à M. Bonouvrier un prix d'encouragement.

6e Ferme de Villette.

A un kilomètre au delà du passage de la Hutte, sur la route impériale du Mans à Alençon, se trouvent à gauche, un petit chemin encaissé appartenant à M. Richer-Levêque, fait par lui, et au bout sa ferme de *Villette*, située commune de Fyé, canton de Saint-Paterne, composée de 46 hectares 26 ares, dont 27 hectares en terres labourables, le reste en prés et pâture.

Le sol est argileux

Hâtons-nous de vous dire, Messieurs, que cette belle exploitation fait plaisir à voir tant elle présente d'améliorations en tous genres.

Autour d'une grande et vaste cour, encaissée avec un tuf calcaire qui lui donne une grande solidité, ayant trois entrées avec belles barrières, sont les bâtiments de l'exploitation suffisants, parfaitement bien construits et propres, avec une distribution et un système d'aération qui ne laissent rien à désirer.

Belles étables et écuries avec trottoirs de service en pente et à caniveaux pour l'écoulement des purins: Box pour mères et élèves: Étable spéciale pour veaux; écurie à stalles pour chevaux entiers; planchéiage sur le tout faisant greniers à fourrages; grange à herbe, grange à blé avec portes charretières; remise pour voitures, charriots, colliers et attelages: *Toits à porcs* à cases séparées, avec pavage en pierres de grès d'Artrait; planchers hauts donnant de l'air et réservant des greniers à pommes et à avoine; parc clos et pavé au-devant de ces toits avec rigoles d'écoulement des purins.

Hangar pour les instruments aratoires; abreuvoir à l'embouchure d'une douve formée du petit ruisseau du *Vau* passant derrière les bâtiments, où l'on voit deux barrages faisant réservoir à poisson, sans nuire au moulin de Villette qui est à 500 mètres en aval.

Beau lavoir à cette douve pour tous besoins.

Rien en un mot ne manque à l'utile, tout est commode et confortable.

Au haut de cette grande cour, une plus petite où l'on communique par une voie large et encaissée aussi, bordée de murs de clôture de deux beaux jardins, l'un potager, l'autre d'agrément ; et, dans cette dernière cour faite comme la première, l'habitation des gens de la ferme et appartements réservés à M. Richer.

Ces constructions sans apparence et sans luxe sont vastes, parfaitement distribuées et bien tenues.

Laiterie propre et fraîche ; on y voit une baratte système Mettray.

Deux belles chaudières Charlot, dont une peut contenir deux hectolitres de pommes de terre.

Greniers en planches pour les blés et les farines avec plafond au-dessus pour la préservation des rats et autres animaux rongeurs.

Local spécial pour la fabrication du cidre, renfermant au rez-de-chaussée le pressoir et la machine à broyer les fruits.

Les pommes étant déposées à l'étage supérieur qui est plancheié, il suffit d'ouvrir une trappe à coulisse pour que les fruits tombent dans l'auge en pierre qui se trouve au-dessous.

Dans ce local, deux immenses cuves à marquer, d'une capacité, l'une de 5,000 litres et l'autre de 3,750.

Caves et vaste cellier bien frais.

Derrière ces bâtiments, un fournil à sécher le chanvre que l'on dispose à cet effet debout, sur des planches soutenues par des tréteaux superposés, placés dans cet appartement dont les murs renferment intérieurement des tuyaux en fonte, chauffés par un fourneau qui est dans un petit local à côté ; et l'action de la chaleur s'exerce sur le chanvre par 18 bouches pratiquées dans les murs et distancées, que l'on ouvre et ferme à volonté, sans crainte d'incendie.

Personnel de la Ferme :

M. Richer a l'œil du maître sur tout ce qui se fait à Villette ; mais son industrie commerciale lui prenant beaucoup de temps, il a un directeur d'agriculture, M. Chevallier, qui y est depuis 22 ans, et une femme de ménage, D[elle] Céleste Ribault, depuis 14 ans. Avec ces deux serviteurs intelligents, à longs et bons services, il a encore six hommes à gages, un pâtre et deux vachères.

Rotation, - Système de culture et de fumures. - Bestiaux. - Céréales.

Il me serait impossible, Messieurs, de vous donner, même sommairement, le détail de toutes les belles et bonnes choses agricoles que la Commission a vues chez M. Richer. Je vais me borner à les résumer, mais sans rien oublier de l'ensemble.

Presque toute la propriété de Villette a été drainée. Les pâturails où étaient de nombreuses excavations, ont été dressés, toutes les terres labourables marnées; l'aspect des récoltes est on ne peut plus satisfaisant. Les blés, orges et avoines donnent en moyenne de 18 à 20 hectolitres au journal de 44 ares.

Les racines produisent aussi beaucoup; sur une étendue de un hectare 32 ares de pommes de terre, le chef de culture nous a dit avoir récolté 450 hectolitres.

Les vergers sont d'une beauté remarquable; on pense qu'ils ne produiront pas moins de 1,500 hectolitres de cidre cette année.

Les bestiaux de race Cotentine pour la plupart croisée Durham, sont au nombre de cinquante-six bêtes, dont 10 vaches laitières; un beau taureau et quarante-cinq taurailles parmi lesquelles dix bœufs.

Six juments poulinières, cinq poulains de l'année; six chevaux entiers et trois antenais, race Percheronne et Normande, font l'écurie.

Deux verrats, dont un pour la monte, deux autres petits castrés à l'engrais, une truie pleine, deux petites portières et quatre laitons sont à la porcherie.

Les plantes saulées couvrent une étendue de 8 hectares; elles sont faites avec soin et généralement très-belles.

Les irrigations sont disposées le long du ruisseau du Vau pour couvrir les prés.

Une autre irrigation porte les eaux de la cour et de la douve par un noc en pierres cimentées de 50 centimètres de largeur sur 66 de hauteur, à l'entrée duquel est une auge en bois fermée d'une vanne qu'on lève et qu'on baisse à volonté, à un pré de 4 hectares distant de 85 mètres, que l'on baigne à ce moyen.

Les écuries et étables sont curées tous les jours et les fumiers transportés dans les champs, où on les couvre de terre en attendant les labours; on n'en met pas moins de 120 mètres cubes par hectare.

La grande cour est couverte de poussiers, pailles et chenevottes qui absorbent les urines des étables et les déjections des animaux, et le tout produit un terreau très-abondant qui sert à fertiliser les prés; il en est employé 80 mètres cubes à l'hectare.

Des lieux sont réservés pour les besoins des gens de la ferme que l'on oblige à y aller; et ces engrais humains fécondants et efficaces, si prisés chez nos voisins du Nord, sont utilisés, et non perdus comme cela se fait malheureusement dans bien des endroits.

Les prés rapportent 5,000 kilog. de foin à l'hectare.

Les labours se font en planches, mais le système des assolements n'est pas régulier parce que l'on cultive une grande quantité de luzerne et de sainfoin conservés pendant tout le temps qu'ils donnent des produits avantageux.

La culture du blé occupe cette année une étendue de 13 hectares par suite de défrichement de luzernes.

Pénétré de cette vérité qu'une pièce de gros bétail fume de 35 à 40 ares de terre, et que sans fumier on ne peut rien faire, M. Richer ne recule devant rien pour maintenir en sa ferme la quantité de bestiaux qu'il nourrit; quand il n'a pas assez de fourrages, il en cherche partout; il a acheté jusqu'à 75,000 kilos de foin dans une année.

En dehors du potager de la maison, M. Richer en a fait un autre dans un champ où nous avons vu des choux, des ognons et autres légumes de la plus grande beauté.

Instruments Aratoires.

Une machine à battre système Benoît, établie dans la grange à blé, mise en mouvement par quatre chevaux et dont le manège se trouve à couvert dans un bâtiment séparé.

Charrettes, charriots, tombereaux beaucerons, charrues et versoirs Bodin, herses à pignon et à dents de fer; herses plates; araire et coupe racines Berg de Grand-Jouan.

Comptabilité.

M. Richer tient sa comptabilité agricole par recettes et dépenses de toute nature, dont un extrait nous a été présenté.

Ses recettes se sont élevées en 1863 à.	20,900 fr.	»» c.
Et ses dépenses, y compris le loyer de sa ferme qu'il évalue à 7,000 fr. ont atteint...	18,300	85
D'où un bénéfice net en 1863 de.	2,599 fr.	15 c.

Comparaison.

Lors du Concours départemental qui eut lieu en l'arrondissement de Mamers en 1850, M. Edouard Guéranger, rapporteur alors de votre Commission agricole, vous parlant des améliorations déjà faites à la ferme de Villette qui avait été inspectée, vous disait au nom de cette Commission :

« Que s'il était permis d'exprimer un désir au milieu de
« tant de perfectionnements agricoles, ce serait celui de voir
« bientôt des irrigations établies dans des prairies si bien
« placées pour profiter des bénéfices de cette pratique, et
« qu'il était convaincu que cette nouvelle amélioration entrait
« dans les projets de M. Richer. »

L'honorable rapporteur avait bien espéré du zèle de M. Richer, car non-seulement les améliorations dont il parlait alors ont été faites et complétées ; mais cet infatigable agriculteur en a ajouté d'autres, et il ne reste à la Commission de 1864 qu'à le féliciter de ses grands et beaux travaux agricoles et à vous proposer de lui accorder un de vos premiers prix.

CANTONS DE LA FERTÉ-BERNARD ET DE MONTMIRAIL.

7° Ferme de la Groisélière.

Située à Cherreau.

Cette ferme est cultivée par M. Bary aîné, négociant, président du Comice agricole du canton de La Ferté-Bernard, sous la direction de M. Bary, son père, ayant sous ses ordres douze domestiques, dont dix garçons et deux filles.

Elle se compose de 83 hectares labourables et de 6 hectares de prés : 40 et quelques hectares sont la propriété de M. Bary qui y a annexé 35 hectares de terres détachées qu'il a loués de différents propriétaires.

M. Bary a fait de la terre de la Groisélière, qui était en très-mauvais état, et ne produisait que peu de récoltes, toutes infestées de mauvaises herbes, l'une des meilleures du pays.

Au cours des premières années, il fit le sacrifice de 10,000 francs en achats de paille et foin pour se monter en bestiaux, moutons et chevaux et avoir des engrais.

Ensuite, il fit des terrassements, des déchaintrages considérables, fit arracher des haies en quantité, car nous avons vu une pièce, qui autrefois se divisait en sept champs clos, dont les haies ont disparu. Il transportait ces terres de déchaintrages, haies et fossés, dans les champs. où, avec un mélange de chaux et après avoir remué et brassé le tout à plusieurs reprises, il l'étendait sur ses guérets en y ajoutant du fumier qu'il enterrait; il continua ainsi sur chaque cotaison, de sorte, qu'après six années, la terre de la Groisélière rapportait des luzernes, des sainfoins. et beaucoup de paille; aujourd'hui, M. Bary a des engrais suffisamment, sans recourir aux achats.

M. Bary a fait des labours profonds avec bons hersages répétés, par les temps secs surtout, afin de détruire les mauvaises herbes, et ce n'est que depuis deux ans que ses efforts ont été couronnés de succès.

Il a fait de tels sacrifices que ces dépenses excédaient ses produits de 6 à 7,000 francs; mais il espérait et est enfin arrivé à son but, d'abord par la mieux-value qu'il a donnée au sol, et ensuite par les fruits qu'il recueille de sa terre; car, maintenant, ses produits dépassent ses dépenses et, en continuant son système de fumure et de bonne culture, il arrivera plus tard à se couvrir complétement de tous les sacrifices qu'il a faits, et sa ferme, de mauvaise qu'elle était, restera la plus productive du pays.

Bâtiments.

L'habitation des gens de la ferme est confortable, suffisante et propre: — Laiterie fraiche et exposée au nord, rayonnage en bois avec vases en terre vernis de plomb à l'intérieur, ce que l'un de nous, M. Guéranger, a blâmé comme étant susceptible d'amener des résultats fâcheux au point de vue de l'hygiène; les vases en grès sont préférables, d'après ce savant chimiste.

Baratte système Mettray. — Chambre spéciale pour magasin à farines, parfaitement close et à plafond.

Pompe aspirante pour les besoins de la maison, dont le trop plein s'écoule par un caniveau, à un ruisseau. en traversant une fosse à poussiers qu'il arrose.

Jardin potager magnifique.

Cour bien nivelée et parfaitement encaissée en tuffeau.

Les écuries et étables sont vastes, propres, hautes et à bon système d'aération par des fenêtres cintrées à volets mobiles; planchers formant greniers à fourrages; stalles et autres compartiments entourés de planchettes qui donnent de l'air; trottoirs de service et rigoles d'écoulement à une fosse à purins dont on tire le jus au crochet pour arroser la fumière de la cour, et à un tonneau d'arrosement pour les champs.

On fait aussi des composts de chenevottes, curures et déchets arrosés également de purins pour fumer les prés.

Belle et immense grange avec aire au centre, faite de scories de fer, et de chaux ; les deux côtés sont pavés pour le dépôt du blé.

Grandes et vastes moutonneries bien aérées, avec doubles rateliers à crémaillères et abreuvoirs portatifs.

Remises pour voitures, tombereaux, charriots, harnais et équipages; hangars pour les autres instruments aratoires, tous, système du pays, mais bons.

Bestiaux.

M. Bary a chez lui une collection d'animaux telle qu'on en trouverait peu de semblables dans le département.

Sa vacherie au nombre de neuf grosses têtes de bétail, dont huit superbes vaches et un magnifique taureau, race Cotentine, est citée, avec raison, comme très-remarquable.

Son troupeau composé de deux cent cinquante têtes Mérinos, dont deux béliers, ne l'est pas moins ; les béliers surtout sont admirables de beauté ; les brebis ont dépouillé six, et les mâles dix kilos de la plus belle laine.

Chaque année les élèves que fait M. Bary sont retenus d'avance et payés fort cher. On peut dire, sans exagération, qu'il peuple la majeure partie du pays de ses beaux bestiaux, car nous en avons trouvé partout dans les fermes que nous avons visitées, dans les cantons de La Ferté et de Montmirail.

Les écuries comptent sept juments Percheronnes dont la moitié est suitée chaque année.

Fumures.

M. Bary emploie la marne en quatité de 30 mètres et il y ajoute 36 mètres de fumier de paille par journal de 44 ares.

Assolement et Céréales.

La ferme de la Groisélière se cultive par tiers ; les céréales de cette année, dont l'étendue est en rapport avec l'assolement, sont magnifiques, sans mauvaises herbes.

Plantes sarclées et Racines.

M. Bary a fait des betteraves, globe jaune, des lisettes, des pommes de terre Chardon, des haricots, des carottes, le tout en bon état, sur une étendue de 11 hectares, où se trouvent aussi les plus beaux arbres à cidre en plein rapport et parfaitement soignés.

Luzernière.

Nous avons vu à la Groisélière, une pièce de terre de 9 hectares, en bonne et abondante luzerne, qui, bien que coupée une fois cette année, est encore parfaiment tallée et très-bien fournie.

Nous avons trouvé aussi, des vesces, vescerons et autres coupages à manger en vert, de toute beauté, malgré la sécheresse.

Produits annuels. - Comptabilité.

M. Bary récolte en moyenne 30 hectolitres de blé à l'hectare et au moins autant de menus grains; ses prés lui rapportent 1,500 kilos de foin par hommée de 33 ares.

Sa comptabilité résulte de la tenue de ses livres de commerce sur lesquels sa ferme a un compte de capital et intérêts pour les sacrifices qu'il a faits, et un compte de produits annuels par recettes et dépenses.

Telle est, Messieurs, l'organisation de la culture modèle de M. Bary.

La Commission est heureuse d'avoir à vous signaler un tel agriculteur, d'un zèle infatigable, qui donne à ses voisins et autres cultivateurs de son pays l'exemple et la pratique du progrès agricole.

Elle pense qu'il a droit à vos récompenses.

8° Fermes de La Pellois et du Chêne.

De Cherreau, la Commission est allée à *Saint-Martin-des-Monts*, où elle a inspecté les fermes de *La Pellois et du Chêne,* appartenant à Mme la comtesse de Chamoy, réunissant ensemble 40 hectares 48 ares de terre labourable et 30 hectares 36 ares de prés dont 13 fauchables et le reste en pâture, affermées à M. Augustin Tacheau par bail de 16 ans dont 12 sont expirés, et nouveau bail prorogatif de huit ans, pour 5,150 francs par an.

M. Tacheau, sa femme, deux enfants dont un travaille, deux garçons laboureurs, un berger et une vachère font le personnel.

L'assolement est quadriennal régulier.

Les bâtiments sont propres et bien distribués.

La propriétaire refait les étables sur un plan qui ne laisse rien à désirer.

L'habitation du fermier est confortable et suffisante ; dans un local au nord est la laiterie, bien fraîche, avec une baratte tournante, fabriquant 25 kilos de beurre dans une heure : on en fait 20 kilos par semaine.

Cette habitation et la laiterie sont d'une propreté vraiment remarquable.

Le fermier cultive avec beaucoup d'intelligence ; il assainit les fossés, fait des terrassements et des déchaintrages qu'il lève et dont il transporte les terres dans les champs qu'il fume en outre convenablement avec du fumier de paille, et de la marne qu'il emploie par 30 mètres cubes au journal de 44 ares.

Ses bestiaux sont beaux ; il a dix vaches à lait dont une bretonne, sept taurailles d'un an, onze veaux de lait et un taureau, race Cotentine croisée.

Ses écuries sont occupées par quatre juments, trois étalons, deux poulains antenais, une pouliche et un poulain de l'année, le tout de race Percheronne et en bon état.

Sa porcherie se compose de cinq truies portières et onze porcelets Craonnais.

Les engrais sont bien soignés et les jus et purins sont réservés et employés, tant à arroser la fumière qu'un compost de poussiers et de feuilles que l'on transporte dans les prés.

Les céréales de cette année sont en quantité suffisante pour l'assolement ; le blé est passable et l'orge superbe. Les potages consistent en pommes de terre et betteraves qui sont belles. On a fait aussi des haricots, des vesces, vescerons et avoine pour coupage. Du jeune trèfle occupe une étendue de 9 hectares et du vieux, un autre de 7.

Le troupeau se compose de cent vingt têtes métis-mérinos qui a dépouillé cette année 3 kilos par tête.

Les terres rapportent en moyenne 27 hectolitres de blé à l'hectare et autant au moins de menus grains.

Les prés fauchables, qui sont en bon état, ne donnent pas moins de 1,200 à 1,500 kilos de foin à l'hommée de 33 ares.

Les instruments aratoires sont du pays, mais bons, et mis à l'abri des intempéries sous un hangar dans la cour de la ferme de La Pellois, vaste, encaissée et bien close et au bas de laquelle est un bel abreuvoir.

Les voies d'accès sont en bon état et les champs bien clos.

Tel est l'ensemble de ces deux exploitations réunies qui, somme toute, sont bien dirigées et parfaitement tenues par un homme laborieux et actif, secondé par sa femme qui ne l'est pas moins que lui.

M. Tacheau joignant à sa culture l'industrie de marchand herbager, nous proposons de le porter au nombre de vos lauréats, au point de vue du bel ensemble et de la bonne tenue de sa ferme; votre programme ne nous permettant pas d'aller au delà.

9° La Ferme du Grand-Parc.

Située à Saint-Antoine-de-Rochefort.

Dont est propriétaire M. Guilhem, ancien officier de marine à Paris, et, fermier par bail de 12 ans qui vont expirer, renouvelé par un autre de même durée, pour 5,800 francs par an, les impôts et des faisances en sus, M. René Fleurida, cultivateur et herbager.

Cette exploitation renferme 13 hectares 20 ares de terre labourable, argilo-siliceuse et 41 hectares 25 ares de prés, dont 8 hectares 25 ares fauchables et le reste en pâture. Tous ces prés ne dépendent pas de la ferme, M. Fleurida en loue de détachés qu'il y annexe et il paie du tout, prés et terres labourables, 12,000 francs de fermage annuel.

L'assolement est triennal.

Le personnel se compose du maître et de la maîtresse, de leur unique enfant, un fils, qui fait son instruction dans les environs de Paris et qui a des goûts prononcés pour l'agriculture, de cinq domestiques, dont un berger et une vachère.

L'habitation du fermier, qui est un vieux manoir, est magnifique et tenue avec la plus grande propreté possible.

La laiterie est vaste et belle et bien aérée, avec rayonnages en planches et vases vernis en plomb, que M. Guéranger a conseillé de changer par des vases en grès.

Des greniers magnifiques pour le blé existent sur la maison.

Les bâtiments de l'exploitation sont beaux avec un bon système d'aération; écoulement des jus et purins à deux bassins d'une capacité de 900 litres chacun, que l'on tire au seau et au tonneau pour arroser la fosse à fumier et les prés.

On cure les étables et écuries tous les jours; on met les fumiers par couches sur la forme, puis on enterre peu de temps après.

Les toits à porcs sont bien distribués, mais les jus se perdent.

Il y a deux belles écuries à poulains et une spéciale pour mères élèves.

Grange vaste et belle, et, derrière, une réserve de poussiers et déchets dont on fait un compost que l'on arrose de jus de purins et qu'on mène dans les prés.

La cour, vaste et encaissée de tuffeau, a une pompe aspirante pour tous besoins et dont le trop plein se réunit aux eaux ménagères qui coulent par une rigole et vont arroser les prés.

Les instruments aratoires sont ordinaires du pays, mais bons et bien soignés.

La vacherie compte trois vaches laitières magnifiques et soixante-neuf bœufs à l'herbage. — L'écurie se compose de quatre juments de travail et de trois juments maigres à revendre grasses; quinze poulains d'un an à dix-huit mois, achetés l'an dernier en septembre et que l'on se dispose à revendre comme poulains gras en novembre prochain

Il y a trois autres poulains de l'année provenant des juments de l'exploitation.

Les céréales en terre sont en bon état et belles.

Le fumier employé est l'engrais de paille ; 35 mètres cubes par 44 ares.

Les terres rapportent en moyenne 28 à 30 hectolitres de blé et autant de menus grains par hectare.

Les prés fauchables donnent 1.500 kilos de foin par hommée de 33 ares.

Telle est cette exploitation parfaitement tenue et dont les voies d'accès et clôtures des champs et prés sont dans le meilleur état possible.

Il vous reste à examiner, Messieurs, si ces deux dernières fermes, particulièrement composées d'herbages, le Grand-Parc, qui ne compte que 13 hectares de terre de labour, et La Pellois qui, quoiqu'elle en ait plus, est peu importante comparativement aux herbages, peuvent être rangées dans la catégorie des cultures ordinaires, comme nous vous l'avons fait observer à l'égard de la ferme qui précède; et, bien que nous applaudissions vivement au genre d'industrie de ces deux fermiers, ce qui est un produit d'une richesse évidente pour notre pays, nous sommes liés par le texte de votre programme. Nous n'hésitons pas néanmoins à vous dire que, suivant nous, M. Fleurida, au point de vue de la bonne tenue culturale, a droit à une prime d'encouragement.

10° Ferme de la Grande-Justière.

Située commune de Cherré.

Sur la route de La Ferté à Saint-Maixent, à 4 kilomètres de la ville, dans un terrain compact, argilo-siliceux, se trouvent des bâtiments charmants, de nouvelle construction, autour d'une grande et belle cour solidement encaissée : c'est la ferme de la Grande-Justière, située commune de Cherré, dont est propriétaire exploitant M. Besnard, ancien commerçant qui a habité Paris pendant

27 ans. Elle se compose de 26 hectares 40 ares de terre labourable et de 3 hectares 30 ares de prés fauchables.

Ayant des goûts pour l'agriculture qu'il avait puisés dès son enfance dans la Sarthe, M. Besnard acheta en 1852, la Justière dont les terres étaient dans le plus mauvais état

Après avoir fait reconstruire les bâtiments, il vint les habiter avec sa femme et son fils en 1855, et depuis ils exploitent cette ferme à l'aide de cinq domestiques, trois hommes et deux femmes.

Ces bâtiments consistent en pavillon pour le propriétaire et sa famille; habitation de ferme propre et confortable, laiterie ouvrant sur la cour, trop exposée au sud, mais bien aérée par un courant d'air au-dessus de la porte, rayonnage en planches bien disposées; vases en grès bien propres, à orifice évasé, et baratte tournante à batteur fixe.

Etables et écuries sous planchers qui forment greniers pavés à fourrages, hautes et parfaitement aérées, avec auges en briques cimentées, pavage en pente pour l'écoulement des purins.

Box pour juments et poulains.

Local spécial pour le dépôt des harnais et attelages sur des planches disposées à cet effet; grenier planchéié sur ce bâtiment pour le blé; hangar pour remiser les instruments aratoires qui sont du pays, mais bons.

Toits à porcs à portes brisées avec ouvertures extérieures se fermant à volonté, pour le service des auges placées au-dessous;

Serre pour racines à donner aux bestiaux;

Granges à herbes et à blé.

Bassins à purins, profonds et murés, où vont se jeter par des canaux en briques les urines des étables, écuries et toits à porcs; et ces jus sont tirés au seau pour arroser la fumière qui est dans la cour. Le surplus est mené sur les terres dans un tonneau monté sur un charriot semblable à ceux d'arrosage des villes. Lieux réservés pour les déjections des gens de la ferme, utilisées pour engrais en les déposant dans des fosses recouvertes de terre.

M. Besnard a assaini les fossés en les creusant pour l'écoulement des eaux; il a défriché, déchaintré, arraché des haies et changé des chemins dont il a transporté les terres sur ses champs qu'il a bouleversés en tous sens par des labours profonds, après fumure d'engrais de paille, marnage et compost; le tout mélangé de purins et de déjections; et c'est ainsi qu'il est parvenu à améliorer les terres et les prés de la Justière qui ne valaient rien.

Ses bestiaux sont au nombre de treize bêtes à cornes de divers croisements, dont un taureau Durham croisé, huit vaches et quatre veaux.

Quatre juments et un poulain de vingt mois, race Percheronne, occupent son écurie. — Ces animaux sont très-beaux.

Les bêtes à cornes, surtout les vaches, sont à la stabulation permanente, excepté pendant les mois de septembre et octobre.

Il cure ses écuries tous les jours et mène les fumiers dans les champs, où il les enterre immédiatement : il fume abondamment et emploie la marne dans les prés et dans les terres, et aussi la charrée, la chaux et la cendre.

Ses ensemencés de cette année sont beaux et nets de mauvaises herbes ; le potager est bien planté et parfaitement entretenu.

Cette terre qui, en 1855 encore, ne rapportait que 10 hectolitres de grain à l'hectare, en produit maintenant 20 à 22 en moyenne. — Les prés qui ne donnaient que 500 kilos de foin rapportent maintenant 1,000 kilos par hommée de 33 ares.

Tel est l'ensemble de cette propriété dont les améliorations dues à l'intelligence et aux nombreux travaux agricoles de M. Besnard devaient vous être signalées.

La Commission pense qu'il doit être classé au nombre de vos lauréats.

11° La Ferme de Launay.

Située à Saint-Ulphace.

Dont est propriétaire Mme la baronne de Gémasse et fermier M. Police, par bail de 12 années, dont 4 sont faites, moyennant 1,900 francs de fermage annuel, des faisances et les impôts en sus, composée de 28 hectares 60 ares de terre labourable et de 4 hectares 95 ares de prés dont 3 hectares 30 ares fauchables ; avec nature de terrain, partie argileux, et partie siliceux et calcaire.

L'assolement est quadriennal.

Cour assez vaste, dont le sol est inégal et autour de laquelle sont l'habitation du fermier et les bâtiments d'exploitation, beaux, propres et bien aérés, suffisants et pourvus de greniers à grains et à fourrages.

La laiterie est fraiche et propre aussi.

Les bestiaux consistent en cinq vaches à lait, quatre génisses, deux veaux, race du pays : ces bestiaux sont maigres. Le troupeau de vingt-cinq moutons croisés mérinos, ayant dépouillé 3 kilos, est en bon état.

La porcherie est occupée par six belles truies et quatorze porcelets laitons, race du pays.

Un abreuvoir est au bas de la cour.

Il n'y a pas d'économie dans les engrais; on laisse perdre les purins et la fumière est exposée au soleil : cependant, le fermier fait ce qu'il peut pour paralyser les mauvais effets de la situation de la fosse qu'il ne peut mieux placer, dit-il, car il cure ses étables et écuries deux fois par semaine, en mettant les engrais par couches qu'il transporte dans les champs le plus souvent qu'il peut, et les y enterrant de suite pour les soustraire à l'action de l'air. Les purins d'une petite écurie seulement coulent par une rigole dans le jardin potager qu'ils arrosent et qui est bien planté.

M. Police est un cultivateur intelligent qui a fait des améliorations considérables à ses frais et qui a opéré un déchaintrage complet sur une étendue de sept hectares de terre froide et forte; il a assaini des fossés et en a créé à grands frais pour arroser des pâturages de peu de valeur qu'il a améliorés par ce moyen.

Il a employé ces terres de déchaintrage à terrasser ses champs.

Ce cultivateur fume par 20 mètres cubes d'engrais de paille au journal de 44 ares, il emploie la marne grise et la chaux comme amendements en quantité convenable.

Il fait des sainfoins, de la luzerne, des pommes de terre, du chanvre, du trèfle.

Nous avons vu chez lui de très-beau chanvre, malgré la sécheresse; son trèfle déjà coupé une fois cette année, est beau et bien fourni.

Une luzernière de deux ans déjà coupée une fois aussi cette année est en bon état et bien tallée.

Dans deux pièces qui étaient en sainfoin, nous avons été surpris de voir de larges et profondes excavations faites par d'anciennes extractions de pierres et qui sont épuisées; il est regrettable que des propriétaires soient si peu soucieux de rendre à l'agriculture des terrains aussi fertiles et de les laisser dans une situation dangereuse pour les bestiaux de la ferme.

M. Police a fait du blé blanc qui a gelé, mais qui s'est refait; car, si la paille est plus claire et plus courte, l'épi est plus long et mieux fourni que les autres.

Son orge est belle et bien plantée.

Nous avons vu d'autres pièces de blé qui sont en bon état; nous devons vous en signaler une de 66 ares, atteinte par les vers blancs; le tiers de cette pièce, ou environ, est attaqué; mais, par carrés isolés.

Il en est de même d'une pièce de pommes de terre.

La ferme de Launay rapporte en moyenne de 16 à 18 hectolitres de grain par hectare.

Les prés rapportent peu, malgré une grande apparence d'herbe : le foin n'est pas de bonne qualité et ne donne pas plus de 500 kilos par hommée de 33 ares.

Les chemins d'accès de Launay sont bien entretenus et les champs bien clos

Nous avons félicité M. Police et sa femme de tous les efforts qu'ils font pour obtenir de la terre le plus de produits possible, par des améliorations qui profiteront aussi à leur propriétaire ; et nous vous signalons avec plaisir ces laborieux et intelligents cultivateurs auxquels on ne peut reprocher qu'un défaut d'économie dans la réserve des purins de leurs écuries et étables, mais ils nous ont promis de tenir compte de nos enseignements : nous pensons que vous devez les encourager par une mention honorable.

12° Fermes de La Lande et Monthéron, réunies.

A deux kilomètres au delà du bourg de Saint-Ulphace, sur la route de ce lieu à Authon, est une des fermes les plus grandes du département de la Sarthe, appartenant à Mme de Chamoy.

Elle se compose de deux exploitations réunies, nommées La Lande et Monthéron.

L'étendue totale est de 200 hectares, dont 154 en terre labourable et 56 en prés : la culture se fait par quart, mais sans suivre un assolement régulier, attendu que les luzernes et sainfoins sont conservés tant qu'ils sont en état de production; ils occupaient cette année environ huit hectares.

Toutes les terres labourables ont été déchaintrées ; la marne grise est menée chaque année dans la proportion d'environ 400 mètres cubes : M. Lucas en emploie 80 mètres à l'hectare.

La cotaison en blé occupe environ 27 hectares, il est de très-belle qualité ; quelques parties seulement ont souffert de la gelée, mais d'une manière peu considérable.

Les mars consistent en 15 hectares d'avoine très-belle et autant d'orge.

Les trèfles ayant généralement manqué cette année ont été remplacés par des pois, des vesserons, presque tous de bonne qualité.

Les guérets sont terminés, les terres sont bien défoncées.

M. Lucas a réuni à un petit herbage et à un mauvais pré, une pièce de terre de cinq hectares qui était ensemencée en sainfoin : depuis six années il a pu engraisser 24 bœufs chaque année et avoir encore un bon pacage pour les bestiaux de la ferme à l'arrière saison.

Les prés se composent en grande partie de l'étang de la Lande de 16 hectares 48 ares, desséché il y a de longues années, mais qui était depuis longtemps très-négligé ; des travaux importants ont été faits dessus par M. Lucas.

Un drainage de près de 6 hectares a été pratiqué à ses frais, en canaux de pierres plates et en bourrées. La petite rivière qui formait de nombreuses sinuosités et laissait une partie en marais a été redressés et son lit changé dans une étendue de 500 mètres, alors qu'elle n'était pas encore réglementée. Les marais ont été assainis, tant par le drainage que par les terrassements ; l'ancien lit a été comblé par le fermier.

Les autres prés étaient d'une nature très-mouillante ; ils ont reçu de grandes améliorations, tant par le drainage que par les engrais et les terrassements ;

Cette terre est bien plantée de bon fruits à cidre ; M. Lucas espère récolter cette année 2,500 hectolitres de pommes, ou 1,000 busses.

Les bestiaux qui occupent les étables se composent de quinze vaches laitières et un taureau Cotentin, quatorze élèves de quinze mois et huit veaux de l'année ; il reste encore douze bœufs à l'herbage.

Douze juments de travail, espèce Percheronne, dix pouliches antenaises et deux laitons sont à l'écurie.

Le troupeau se compose de deux cents têtes métis-mérinos ayant dépouillé 4 kilos de laine chaque.

Les bâtiments sont vastes et cependant à peine suffisants pour l'importance de l'exploitation ; ils sont en bon état : on y remarque surtout une grange neuve, très-grande et très belle. La cour laisse encore à désirer comme nivellement, quoique M. Lucas l'ait déjà améliorée d'une manière sensible. Les fumiers sont entassés au fur et à mesure qu'ils sont tirés des étables et ils sont immédiatement mis dans les champs et couverts. Les terreaux en quantité considérable, faits de curures de la cour et de déchets de greniers, balles, poussiers, sont menés sur les prés.

La cour a été close par des murs aux frais du fermier, et une grande pièce d'eau pour l'abreuvage des bestiaux a été faite par ses soins et à ses frais aussi.

La maison et la laiterie sont tenues avec une propreté remarquable : on y voit une baratte avec un batteur circulaire et un mécanisme dessus ; elle peut battre 20 kilos de beurre.

Les instruments aratoires sont bons et en quantité proportionnée à l'importance de la ferme, mais ils n'ont rien d'extraordinaire.

La fumure habituelle est de 10 tombereaux, ou 30 mètres de fumier de paille par arpent de 50 ares : M. Lucas emploie en outre 200 busses ou 500 hectolitres de chaux par chaque année.

Le produit moyen annuel est de 35 à 40 douzaines de gerbes par arpent de 50 ares, donnant un rendement de 30 à 40 litres la douzaine.

Les prés produisent 1,000 kilos à l'hommée de 33 ares.

M. Lucas jouit par bail depuis 13 ans de la ferme de La Lande et Onthéron ; il vient de prendre un nouveau bail de 16 ans ; il paie 10,000 francs en argent, 300 francs en faisances et 1,300 francs d'impôts par an.

Le personnel de la ferme se compose du maître et de la maîtresse, de sept enfants dont cinq aident à l'agriculture, deux domestiques laboureurs, un berger, une vachère et environ quinze journaliers à l'année, mais dont la plupart sont marchandés et se nourrissent. (1).

Telle est, Messieurs, cette belle exploitation la plus importante que nous ayons trouvée au point de vue de la grande agriculture.

Les plus grands sacrifices en terrassements et drainages ont été faits par le fermier et à ses frais et, si Mme la comtesse de Chamoy lui fait les constructions qu'il demande, il est obligé de lui payer l'intérêt du coût.

Des fermiers comme M. Lucas sont rares. Nous avons éprouvé un véritable bonheur en visitant sa belle ferme et nous sommes heureux de venir vous faire part de nos impressions. Cependant nous devons dire que le nombre des bestiaux qu'a M. Lucas ne nous a pas semblé en parfait rapport avec l'étendue de sa ferme.

Quoi qu'il en soit, nous pensons, Messieurs, que M. Lucas a droit à un de vos principaux prix.

(1) Cette méthode est généralement adoptée en Brie. J'ai visité dans les environs de Melun (Seine-et-Marne) une exploitation rurale de 300 hectares de terre labourable où l'on ne nourrit pas un seul des gens de la ferme, ils vivent à une cantine placée dans l'avant-cour, tenue par des personnes qui fournissent et vendent à leur compte, cependant, le fermier se réserve le droit de vérifier la qualité et le prix des aliments.

13° La Ferme du Chêne,

Située à Cormes,

Occupée par M. Bajon fils et composée de 39 hectares 60 ares de terre labourable et de 9 hectares 90 ares de prés.

Les bâtiments sont suffisants; mais il n'y a rien qui mérite être signalé.

L'économie des engrais manque.

Les fumiers sont mal soignés.

Le personnel se compose du maître et de la maîtresse, de deux garçons domestiques, deux servantes et deux petits pâtres.

La vacherie est occupée par huit vaches laitières, cinq taures d'un an et cinq veaux de lait, race ordinaire et en bon état ; mais il y a en dehors, à l'herbage six à sept bœufs annuellement.

Le troupeau compte soixante-dix têtes dont quarante brebis mères et trente agneaux.

Quatre truies d'un an, un verrat et dix-neuf porcelets font la porcherie.

Huit bonnes juments de collier, dont quatre suivies de leurs poulains et deux pouliches antenaises sont à l'écurie; les juments sont belles et de race Percheronne.

Cette ferme a un bel ensemble.

L'étendue des prairies et pâturages est en proportion convenable avec celle des terres arables qui sont cultivées suivant un assolement quadriennal régulier.

Cet assolement se divise en 12 hectares 32 ares de froment, autant d'orge et d'avoine, 12 hectares 32 ares de trèfle et sainfoin et autant de franc guéret.

La jachère est parfaitement soignée; les froments sont beaux et les orges et avoines satisfaisantes.

L'élevage des chevaux est remarquable surtout pour le choix; mais, en général, il y a un bon ensemble pour tous les animaux qui donnent évidemment un bénéfice.

Le mari était absent lors de la visite de la Commission ; c'est la femme qui nous a renseignés et nous a montré la culture; il nous a été facile de reconnaître qu'elle s'occupe activement et avec beucoup d'intelligence de toute l'exploitation dont le bel ensemble et la bonne tenue méritent d'être mentionnés

14° La Ferme de L'Orme,

Située à Cormes,

Exploitée par M. Tuvache, maire de la commune et cultivateur, en vertu d'un bail de 16 années dont 6 sont écoulées, moyennant 6,000 francs par an.

Cette ferme se compose de 105 hectares dont 80 en terre labourable, 11 en prés et le reste en bois.

Les bâtiments sont suffisants pour l'exploitation, mais leur tenue est très-ordinaire. Les purins des étables, écuries et porcheries sont perdus et les fumières laissent beaucoup à désirer.

Le personnel se compose du maître et de la maîtresse, de huit hommes, deux pâtres et deux servantes.

La moutonnerie est occupée par soixante-quinze brebis, soixante-douze agneaux, quarante antenais et deux béliers, race ordinaire, mais en bon état.

La porcherie se compose de trois belles truies de deux ans, trois d'un an et douze porcelets, le tout race Normande.

La vacherie et les pâtures ont sept bouvards d'un an, une génisse d'un an, huit bœufs de deux ans, neuf de trois ans, onze vaches laitières, onze veaux de l'année, et un taureau d'un an, le tout race du pays et en très-bon état.

La laiterie n'a rien de remarquable.

La culture se divise comme il suit :

15 hectares de froment,
2 id. de seigle,
12 id. d'orge,
10 id. d'avoine,
10 id. en franc guéret sur jeune trèfle,
5 id. en id. id. sur vieux trèfle,
20 id. en pâtures,
5 id. en plantes sarclées,

Et le reste en prés et bois.

Les labours se font en planches.

Le produit moyen de la ferme, chaque année, est de 20 hectolitres de froment, 24 hectolitres d'orge, par hectare.

Le seul amendement que le fermier fasse est le marnage d'une partie de ses terres depuis quelque temps, et il se propose de continuer.

En résumé, l'ensemble de la tenue est ordinaire, mais l'élevage des chevaux et des bêtes à corne est bien entendu. L'on vise au pâturage en vue de cette spéculation, et, sous ce rapport, cette ferme est conduite avec succès et beaucoup d'ordre. A ce point de vue elle mérite d'être mentionnée.

Sur les vieilles terres en pâture, avec de bonnes jachères on obtient de bonnes céréales.

Les instruments aratoires sont du pays ; cependant on remarque une machine à battre, système Cuming achetée de moitié avec le neveu de M. Tuvache, qui est aussi cultivateur. Cette machine leur donne satisfaction.

Nous ne terminerons pas sans vous rappeler qu'en 1850, vous primâtes cette ferme, qui ne renfermait alors que 40 hectares de terre labourable, pour extension de culture fourragère bien soignée, et pour avoir placé le fumier des vaches et des chevaux sous les moutons en le recouvrant d'une couche de paille fraiche, ce qui était une excellente méthode. (1).

La Commission en rentrant au Mans s'est arrêtée à Boissé-le-Sec où a été établie tout récemment une usine qui crée pour le département une industrie nouvelle paraissant devoir prendre du développement ; quoique ce fut en dehors de son mandat, la Commission l'a visitée avec intérêt et elle a pensé, Messieurs, que vous lui permettrez de vous en dire quelques mots.

L'usine de Jumeaux sur l'Huisne a remplacé, il y a six mois environ, un ancien moulin à blé dont les bâtiments étaient dans le plus mauvais état.

Cette usine est une fonderie et un étirage, ou tréfilage de cuivre, MM. Houdoux, de Rugles, et Renou, de Caen, sont directeurs de cette usine qu'ils ont créée, après avoir loué la force motrice et les bâtiments qui avaient été remis en état et appropriés d'après leur plan.

Ils reçoivent des lingots bruts de Paris ; ils emploient aussi tous les vieux cuivres qu'on leur envoie, ils les fondent dans des creusets ; le cuivre fondu est coulé dans des lingotières d'où il sort en bâtons ayant à peu près la forme et la longueur des bâtons de parapluies. Ces bâtons sont ensuite passés sous des laminoirs qui les allongent en les diminuant de grosseur ; de là dans des filières

(1). Le fermier de Seine-et-Marne près Melun, M. Froc, dont j'ai visité l'exploitation cette année, nourrit 1,600 moutons. Il cure les étables de ses bestiaux, tous les jours, et dépose ces litières dans ses moutonneries en les recouvrant de paille fraiche ; et il les laisse aïnsi de 2 à 3 mois.

de dégrés différents, et le fil se dévide sur des bobines ; les numéros les plus fins n'excèdent pas en grosseur celle de gros crins.

Comme il existe peu d'établissements de ce genre en France, l'usine a de grandes chances de prospérité en raison de la force motrice dont elle dispose. M. Houdoux nous a fait les honneurs de son établissement de la meilleure grâce possible ; quinze ouvriers environ sont employés dans l'usine ; ses produits sont placés au fur et à mesure de la fabrication, ce qui fait penser qu'ils sont bons et que des débouchés se sont ouverts dès le début de l'établissement.

En passant à Connerré, la Commission a visité également avec intérêt la fabrique de MM. Bienvenu.

C'est une fabrique de toiles métalliques qui est aussi une industrie nouvelle pour le département; cependant, elle existe déjà depuis une dixaine d'années et elle prend de l'extension de plus en plus; soixante ouvriers environ, peut être plus, hommes, femmes et enfants, sont occupés dans cet établissement. De nombreux métiers fabriquent les toiles, depuis les plus grosses, telles que les grillages, jusqu'aux toiles très-fines en fil de fer, ou en fil de cuivre. On a même fabriqué en fil d'argent une belle toile, dont nous avons vu l'échantillion, *pour former plafond de la salle à manger du Sultan.*

Ces deux établissements pourront se porter un mutuel appui, placés dans la même contrée ; l'un produit le fil, l'autre l'emploie.

Nous n'étendrons pas ces détails qui forment digression à notre sujet.

15° La Ferme du Grand-Chemilly.

La Commission s'est rendue à Saint-Cosme où elle a inspecté la ferme du Grand-Chemilly, dont est propriétaire M. de Malvoux, de Courgeou, et fermier par bail de 12 années dont 9 sont faites, M. Beaumont, cultivateur audit lieu, pour 2,200 francs de fermages et les impôts en sus. Cette propriété se compose de 26 hectares 20 ares de terre labourable, 5 hectares 28 ares de prés fauchables, 2 hectares de pâtures.

Personnel.

Le maître et la maîtresse, sept domestiques, dont cinq hommes et deux vachères.

L'assolement est quadriennal.

Les bâtiments rayonnent autour d'une grande et vaste cour dont une partie est en herbe que les oies mangent au printemps.

L'habitation du fermier n'est pas assez grande, mais elle est d'une propreté remarquable, ainsi que la laiterie qui est à côté et dans laquelle sont des vases en grès. On remarque une baratte à batteur fixe surmontée de son mécanisme, et une Chaudière-Charlot.

Les étables et écuries sont vastes, hautes, et bien aérées avec greniers planchéiés à fourrages; l'étable aux bœufs est insuffisante, mais il y a box pour mères et élèves.

Petit local pour le dépôt des attelages et belle grange avec portes charretières.

Les purins sont perdus sans aucun profit et la fumière mal organisée.

Les étables et écuries sont vidées deux fois par semaine et les fumiers transportés immédiatement dans les champs où on les étend et couvre de terre en attendant le labourage des semences, ce qui est une très-bonne chose.

M. Beaumont fume par 5 à 6 charretées de fumier de paille de 15 mètres cubes, par 44 ares, et il emploie 10 hectolitres de marne sur même étendue.

Bestiaux.

L'écurie se compose de six juments poulinières et d'une pouliche, race du pays, et les étables de sept vaches à lait, cinq petits taureaux d'un an, sept génisses d'un an, quatre bœufs de deux ans et six veaux de lait; le tout races Normande et Mancelle.

Le troupeau compte vingt têtes dont un bélier, race ordinaire.

Tous ces animaux sont beaux et en bon état.

La basse-cour a trente-sept oies et des volailles Crève-Cœur.

Instruments aratoires.

Les charrettes, tombereaux, charrues et autres instruments aratoires sont bons et en quantité suffisante, mais du pays, et remisés sous un hangar; on y remarque un rouleau cylindrique en pierre. Les blés sont dépiqués par une machine à battre à vapeur, système Leveau, que le fermier loue.

Améliorations.

M. Beaumont a assaini ses fossés en les creusant, déchaintré ses champs et ensemencé les chaintres en pois, vesces et vescerons. Les terres provenant de ces déchaintrages, mélangées à des curures de fossés ont été par lui transportées dans ses champs qu'il a ainsi terrassés.

Ses labours sont profonds et bien faits.

Il fait aussi des composts de balles, poussiers, chenevottes, déchets de la cour et feuilles qu'il met dans ses prés.

Ensemencés.

Les ensemencés consistent en 8 hectares 80 ares de froment ; 7 hectares 52 ares d'orge et avoine ; 1 hectare 32 ares de betteraves et pommes de terre ; 1 hectare 76 ares de chanvre ; 8 hectares 80 ares de jachère sur vieux trèfle, et 6 hectares 40 ares sur franc guéret.

Tous sont beaux et nets de mauvaises herbes.

Produit.

Les terres rapportent en moyenne de 25 à 30 hectolitres de froment et autant au moins de menus grains, par hectare, et les prés 3,000 kilos de foin environ.

En résumé, l'ensemble de cette ferme est en bon état et bien dirigé par M. Beaumont, qui est intelligent et bon cultivateur, aidé de sa femme non moins intelligente que lui et d'une propreté remarquable, s'occupant de l'élevage de ses bestiaux et des soins de sa maison en bonne fermière.

Cette exploitation mérite être mentionnée.

16° Le Lieu de la Champfortière,

Situé commune de St-Pierre-des-Ormes,

Dont est propriétaire exploitant M. L'Aigle des Masures, président du Comice agricole du canton de Mamers.

Cette ferme qui, lors de la visite de votre Commission en 1860, ne se composait que de 39 à 40 hectares, dont 33 en labours et de 6 à 7 en prés, occupe maintenant une étendue de 63 hectares 97 ares 30 centiares, qui se décompose ainsi :

	hec.	ares	cent.
Prés naturels.	7	61	» »
Pâtures.	14	96	» »
Cour et sol.	»	34	40
Jardins et bosquets. . . .	1	5	90
Chemins et fossés.	2	» »	» »
Terres labourables. . . .	38	» »	» »
Total égal.	63 hect.	97 ares	30 cent.

Assolement suivi par M. L'Aigle des Masures.

1re Année. Froment sur sainfoin et luzerne rompus ; enfouissage de la 2e coupe avec demi fumure.

2e	année.	Verdage, choux, trèfle rouge, escourgeons, seigles, vesces d'hiver et de printemps.
3e	id.	Froment fumé.
4e	id.	Avoine d'hiver.
5e	id.	Plantes sarclées, fumure et chaux.
6e	id	Orge avec sainfoin et luzerne.
7e, 8e, 9e et 10e		Récoltes de fourrages pour l'hiver.
11e	Id.	Retour de l'assolement.

Telle est la rotation que suivait M. L'Aigle des Masures en 1860 et qu'il a continuée, à quelques exceptions d'espèces de racines.

Il nous a fait l'observation que le mélange de sainfoin et luzerne ne se fait que la première fois; la deuxième rotation ne comportera que du sainfoin seulement, pour donner le temps aux racines de luzerne de disparaître entièrement du sol et à celui-ci de se reposer.

Il tiendra compte cependant d'une remarque qui lui a été faite touchant le retour précipité des plantes pivotantes.

M. L'Aigle repartit ainsi ses terres labourables :

	H.	A.	C.
Céréales de froment, orge, avoine d'hiver.	15	20	»»
Prairies artificielles.	15	20	»»
Plantes sarclées.	3	60	»»
Fourrages verts.	3	80	»»
Égal à l'étendue labourable. . . .	38	»»	»»

Culture active.

	H.	A.	C.
Prairies naturelles et pâtures.	22	57	»»
Prairies artificielles.	15	20	»»
Plantes sarclées et fourragères. . . .	7	60	»»
Céréales (un quart seulement). . . .	15	20	»»
Terres non productives de cultures, cours, jardins et chemins.	3	40	30
Total égal à l'étendue. . . .	63	97	30

Personnel.

L'exploitation de La Champfortière est dirigée par M. L'Aigle qui a l'œil du maître partout.

Son personnel de domestiques agricoles est de cinq hommes, dont un chef de culture, qu'il intéresse à raison de 5 p. % sur les bénéfices nets; d'une vachère, deux filles, un garçon supplémentaire.

Maintenant, Messieurs, que vous connaissez l'étendue et le système de culture de M. L'Aigle, qui, comme je vous l'ai dit est le même qu'en 1860, permettez moi de vous donner le résumé de ce que vous disait la Commission d'alors sur l'ensemble de la Champfortière, vous pourrez comparer et juger avec nous le progrès qui s'est manifesté depuis quatre ans dans cette ferme.

« La Champfortière, vous disait la Commission d'inspection de « 1860, a dix-neuf têtes du plus beau bétail qu'il soit possible de « voir dans le pays; huit chevaux de belle espèce, dix-neuf porcs « de plusieurs races. Il y a dix ans, on entretenait sur cette ferme « huit têtes de bétail seulement, dont trois chevaux. La terre pro- « duisait huit à dix hectolitres de froment par hectare, elle en pro- « duit vingt-cinq aujourd'hui; elle passait pour la plus mauvaise « du pays; tout y était à faire en raison du mauvais sol, espèce de « jalet : aujourd'hui elle est la mieux cultivée et passe pour être « la meilleure de la contrée.

« Grâce aux fossés d'égout, au drainage, aux défoncements, aux « terrassements, et à la chaux, M. L'Aigle a pu faire du sainfoin, « de la luzerne, des betteraves, des carottes et autres plantes igno- « rées dans le pays avant lui.

« Ses prés produisaient 7 à 8,000 kilos de foin, il en récolte de « 20 à 25,000 kilos aujourd'hui ; le trèfle ne venait nulle part ; il « y a introduit le sainfoin et la luzerne, et il en récolte plus de « 6,000 kilos par année.

« Ses cours et bâtiments sont parfaitement appropriés.

« Des étables et écuries, le purin coule à un bassin creusé « pour le recevoir et à côté se trouve la forme à fumier que l'on « arrose de ce purin au moyen d'une pompe établie tout exprès.

« Les engrais sont parfaitement confectionnés et disposés avec « le plus grand soin possible.

« La fosse est sur un terrain glaisé, entourée de murettes et à « l'abri des ardeurs du soleil.

« En un mot la ferme de M. L'Aigle ne laisse rien à désirer au « point de vue de la bonne exploitation. »

Tel était le rapport en 1860.

La Commission de 1864 a inspecté aussi les bâtiments qui sont les mêmes, mais M. L'Aigle y a fait des modifications utiles. — La fumière a été agrandie et son bassin à purins fait en briques et à ciment, d'une capacité de 2,000 litres, se trouve sous cette fumière.

Les litières sont mélangées de charbon et de plâtre ce qui a pour effet, suivant lui, d'absorber les urines et de désinfecter.

Il y a une grange à fourrages verts; il y dépose ces fourrages sur un grillage en bois, élevé au-dessus du sol de cette grange, en bois aussi, de sorte que si le fourrage vert est mouillé, il s'égoutte facilement, et, s'il est sec, il ne s'échauffe pas, par ce que l'air pénètre entre le sol de la grange et le grillage.

Il a disposé sa cour de telle sorte que les eaux qui s'en écoulent se rendent par un conduit dans les prés.

Dans son étable aux vaches, on voit une pompe pour un abreuvoir à double compartiment.

Enfin il y a des trottoirs de service partout : des granges à herbe et à foin, chambre à coucher pour le garçon chargé du soin des bestiaux, stalles pour chevaux entourées de planchettes, fermant avec des portes à clanches ; fenêtres à coulisses.

Toits à porcs planchéiés pour l'hiver et autres non planchéiés pour l'été.

Rien ne manque pour le comfortable et la santé des animaux.

L'habitation des gens de la ferme, la laiterie, les autres bâtiments et la cour sont d'une distribution et d'une propreté remarquables.

On prépare des aliments fermentés pour les bêtes à l'engrais et les jeunes élèves, qui en sont friands.

M. L'Aigle a un lieu spécial pour le dépôt de ses betteraves et autres racines; un local pour ses attelages et un vaste hangar pour remiser ses voitures et autres instruments aratoires, qui sont perfectionnés, consistant dans : une grande herse Normande, dite Diable ; des charrues Bodin, une fouilleuse Lemarchand, un scarificateur à cinq socs, un rouleau Croskil, une charrue à oreilles mobiles, de son invention ; une grille ou claie pour passer le sable et trier le gravier; une baratte à batteur fixe surmontée de son mécanisme, et une chaudière économique.

Vacherie.

Les étables de La Champfortière comptent vingt-deux têtes, non compris celles qui sont à l'herbage, savoir : quatre vaches, deux taureaux, race Cotentine, un jeune taureau Durham-Cotentin très-beau, cinq vaches laitières, six génisses et quatre taureaux de lait race Normande.

La porcherie se compose d'une truie Normande, une autre Craonnaise très-belle, d'un verrat et d'une truie New-Leicester.

M. L'Aigle continue à faire des défrichements et déchaintrages dans les endroits nécessaires et il en transporte les terres dans ses champs, qu'il laboure profondément et en planches, en fumant fortement et chaulant. Il a trouvé le moyen de détruire complétemen. le colchique d'automne dans ses prés où l'on n'en voit plus du tout; il a indiqué ce moyen dans un petit mémoire qu'il vous a adressé.

Il a fait des drainages bien entendus, qui ont rendu ses terres perméables; il a utilisé par un barrage les eaux réglementées de la petite rivière de l'Orne-Sonnoise. — En visitant son système d'irrigation, nous avons remarqué une chose que nous croyons digne de votre attention : Dans un canal de ses irrigations, où se déchargent les tuyaux de drainage, M. L'Aigle a placé à l'embouchure des drains, dans les endroits où l'eau monte par la disposition du terrain, de petites trappes en bois, tournant sur un cercle en fer, de sorte que l'eau boueuse ne s'introduit pas dans les tuyaux qui ne peuvent non plus être obstrués par les grenouilles; c'est un moyen simple, mais ingénieux et utile.

A deux kilomètres de sa ferme, M. L'Aigle a un herbage dont partie était inculte et partie en labour, autrefois; il en a fait une pâture qui est très-bonne aujourd'hui et où nous avons vu quatre bœufs et huit belles génisses de deux à trois ans.

M. L'Aigle a de très-belles récoltes et de belles racines aussi; des sainfoins, de la luzerne, et 10,000 pieds de choux à moëlle.

Les voies d'accès aux champs et les clotures sont dans le meilleur état possible.

Comptabilité.

M. L'Aigle a une comptabilité régulière que nous avons inspectée et dont nous vous donnons le résumé très-succinct des années 1860 et 1863, seulement, pour vous mettre à même de comparer.

Recettes de l'année 1860.	7,147 f. 35 c.
Dépenses culturales.	3,859 28
Excédant des recettes sur les dépenses.	3,288 f. 07 c.
Recettes de l'année 1863.	11,005 f. »» c.
Dépenses culturales, impôts compris .	4,806 18
Excédant des recettes sur les dépenses.	6,198 f. 82 c.

Comme on le voit, Messieurs, en comparant 1860 à 1863, on trouve une augmentation sensible.

Donc le progrès est évident

Tel est l'ensemble de La Champfortière, qu'en 1860 vous primiez de 100 fr. et d'une médaille de vermeil *ex-æquo* avec M. Paul

Rousseau, de Fresnay, entre les quels vous partagiez votre premier prix de 200 francs pour la meilleure exploitation.

M. L'Aigle est un agriculteur zèlé et éclairé qui aide à l'élucubration des questions théoriques et pratiques de l'économie rurale par les travaux qu'il vous adresse comme Membre correspondant de votre société.

Puisqu'il y a progrès d'amélioration en sa ferme depuis quatre ans, nous pensons qu'il doit être un de vos premiers lauréats.

17° Ferme de Vignolas.

La Commission s'est rendue à Mamers où elle a visité une exploitation que fait valoir, comme propriétaire, M. Poupry, maître d'hôtel en ce lieu.

Cette ferme nommée Vignolas, située en Saint-Longis, à trois kilomètres de Mamers, se compose de 54 hectares de terre labourable et prés. M. Poupry la fait diriger par un domestique qui se fait aider d'ouvriers cultivateurs.

Elle fut inspectée en 1860 par votre Commission qui remarqua beaucoup d'améliorations, par des déchaintrages, arrachages de haies, terrassements, assainissements de fossés, et, après cela, labours faits à plat avec bonne fumure et transformation en bons prés où il avait récolté 1,500 kilos de foin par hommée de 33 ares

Création de luzernière et sainfoin, ce qui lui avait fourni des fourrages et augmenté ses engrais ; hersages énergiques et grains roulés au printemps; emploi de l'engrais vert avec enfouissement de trèfle et vesce, et guano mélangé à de la chaux.

Fumure des prés avec des engrais et terreaux mélangés; le tout laissé en tas pendant quelque temps puis transporté dans les prés en arrosant de purins.

Troupeau croisé-mérinos magnifique et au nombre de cent têtes.

Bâtiments de ferme bien appropriés; cour et fosse à fumier bien disposées pour l'économie des engrais; enfin, disait en terminant le rapporteur de la Commission de 1860 :

« Cette terre de Vignolas, dont une grande partie était en friche « il y a quelques années, ne servait qu'à la pâture des moutons et « ne rapportait presque rien, a produit cette année, grâce aux « soins intelligents de M. Poupry, 7,500 gerbes de blé, 6,000 ger- « bes d'avoine et d'orge, et du colza de belle qualité. »

En résumé le rapporteur concluait à une prime de 100 francs et une médaille d'argent que vous accordâtes à M. Poupry.

Dès 1850, vous l'aviez primé pour un prix de 50 francs avec médaille de bronze, pour culture de terres détachées, d'une étendue bien moins grande, sur lesquelles il avait enfoui des récoltes vertes comme engrais; il avait drainé avec des conduits en pierres et adopté, le premier, dans le pays de Mamers, le labour en planches et l'emploi de la herse et du rouleau sur les blés au printemps.

Aujourd'hui, la terre de Vignolas a la même étendue qu'en 1860; votre Commision de 1864 l'a visitée et a reconnu que M. Poupry avait continué les améliorations en déchaintrant beaucoup et en transportant les terres dans ses champs qu'il fume largement avec ses engrais d'hôtel et de la ferme. Il a vraiment fait de très-belles choses qui augmentent ses produits; il a drainé par empierrement 5 hectares de ses terres et fait beaucoup de plantes sarclées bien soignées.

Ses prairies artificielles se composent de 9 hectares 68 ares de luzerne et sainfoin qu'il conserve tant qu'ils produisent; de 9 hectares de vesces d'hiver, autant de vieux trèfle et sainfoin pâturés au printemps et préparés pour les blés.

Ses bestiaux sont nombreux et beaux et son troupeau croisé-mérinos est de cent huit têtes.

Sa rotation consiste en 9 hectares de blé, autant d'orge et d'avoine; 4 hectares 40 ares de prés; 1 hectare 50 ares de racines; 27 hectares de prairies artificielles et 2 hectares 40 ares de jachère.

Comptabilité.

M. Poupry a une comptabilité simple, mais claire, que nous avons vue :

Ses recettes agricoles ont été en 1863 de.	7,738 f. 50 c.
Et ses dépenses, y compris les intérêts de son capital employé, ou le fermage qu'il évalue à 1,500 francs par an, de. . .	5,000 »»
D'où un bénéfice, de.	2,738 f. 50 c.

Les instruments aratoires de M. Poupry sont bons; il possède une machine à battre, un coupe racines, un rouleau en bois et de nombreuses charrues; le tout mal remisé.

Comme nous, Messieurs, vous reconnaîtrez que M. Poupry est un excellent cultivateur et que depuis 1860 il a continué ses améliorations. Mais, par une négligence que nous lui reprochons, nous n'avons pas trouvé dans ses engrais l'économie constatée par le rapport de 1860, car nous avons remarqué que sa fumière était mal organisée et que la majeure partie de ses purins était perdue.

Nous devons dire, toutes fois, que la perte est moins sensible par ce qu'il vide ses étables souvent, et transporte les engrais immédiatement dans les champs, où il les couvre de terre.

Quoiqu'il en soit, M. Poupry améliore, et a progressé depuis 1860. Nous pensons que, relativement, il a droit à vos récompenses.

18° Le Lieu de la Grouas-de-Jaillé,

Situé à Mamers, près la ville,

CULTIVÉ PAR M. MARCHAND QUI EN EST LE PROPRIÉTAIRE.

Ce lieu se composait en 1860 de 7 hectares 50 ares dont la rotation se faisait par tiers, plantes ou racines, blé, et le reste en herbes.

Le rapport qui vous fut fait en 1860, constate que la Commission trouva chez M. Marchand une culture bien entendue; qu'il avait de beau blé, net de mauvaises herbes ; de belles betteraves énormément grosses et qu'il mettait beaucoup de soin en tout ce qu'il faisait.

L'année pluvieuse n'ayant pas permis à M Marchand de ramasser ses gerbes de blé moissonné dans un de ses champs, la Commission le félicita de les avoir mises en moyettes, ce que personne n'avait encore fait dans le pays de Mamers, bien que ce moyen eut été enseigné par des instructions que la bienveillance de l'administration fit publier dans le temps.

Pour l'encourager vous lui accordâtes une médaille d'argent.

Admise en 1864 à concourir encore, la Grouas-de-Jaillé qui se compose maintenant de 11 hectares 44 ares, a été inspectée par votre Commission. M. Marchand a pour tout bétail, une vache, deux juments et un poulain de l'année, et il élève deux cent cinquante lapins dont il tire bon parti en les vendant.

Il a fait lui-même, puis à l'aide de quelques journaliers, sa maisonnette, son étable, son écurie et sa grange; le tout est suffisant comme logement. mais laisse à désirer comme bonne tenue; il n'a pas de fosse à purins, mais ses fumiers sont bien tassés.

Il a fait un drainage sur une longueur de 900 mètres, avec des cailloux; il a amélioré, lui seul, un chemin d'exploitation, fréquenté par plusieurs autres cultivateurs.

Sa culture est alterne :

Il a : en bon froment. . .	2 hect.	86 ares.	
En orge et trèfle. . .	2	86	
En sainfoin. . . .	2	20	
En luzerne. . . .	»	66	
En betteraves. . . .	1	32	bien soignées.
Et en pommes de terre.	1	32	

Le potager est en parfait état.

M. Marchand a commencé sans capital, dit-il. Il est très-remarquable d'obtenir de tels résultats avec d'aussi faibles moyens. C'est donc à un travail intelligent et persévérant qu'il doit son succès. Depuis notre retour, M. Marchand nous a fait connaître qu'il employait un bon système pour la conservation des betteraves. Ce moyen consiste à faire un silo de 1-50 de largeur sur 0-60 à 0-80 de profondeur, en terre : il y met ses betteraves en tas sur 1 mètre de longueur et 1 mètre de hauteur ; il fait un autre tas à côté, en laissant une distance de 0-30 ; puis il couvre le tout d'un rang de ces betteraves les plus longues, en disposant des tuyaux d'aération, ce qui empêche les betteraves de s'échauffer. Il met de la paille sur les tas de betteraves ainsi faits, qu'il recouvre légèrement de terre, et les préserve par ce moyen de la moisissure et de la gelée. Il en a conservé pendant une année, et ses bestiaux les préféraient aux autres.

Cette bonne méthode est généralement pratiquée en Brie, où l'on fait des silos creusés à 0-50 en terre, comme le fait M. Marchand ; mais on élève le tas de betteraves jusqu'à 4 ou 5 mètres de hauteur, en disposant les racines de manière que les têtes, dont on a le soin de raser les feuilles, soient en dehors et forment les parements du tas. On couvre le tout ensuite d'une légère couche de terre en disposant des drains perpendiculaires pour donner de l'air et préserver les betteraves de la moisissure et de la fermentation.

La Commission propose de donner à M. Marchand une mention, avec rappel de médaille décernée en 1860.

CANTON DE MAROLLES-LES-BRAULTS.

19e Ferme de Pressaussou.

A un kilomètre de Courgains, sur la route de ce lieu à Alençon par Ancinnes, se trouve une petite ferme nommé Pressaussou, sur un terrain argileux-sableux avec sous-sol de jalet ; composée de

20 hectares 24 ares de terre labourable et de 1 hectare 20 ares de prés, appartenant à Mme veuve Lecureuil, de Courgains, et exploitée par M. Victor Lefèvre, son gendre, en vertu de bail.

Autour d'une vaste cour bien nivelée et parfaitement encaissée en pierre, sont les bâtiments d'habitation et de la ferme, réunissant le comfort, une distribution des mieux entendues et une propreté remarquable; rien ne manque, tout y est prévu.

Derrière la maison, un beau jardin potager, bien planté et bien entretenu.

Le personnel de la ferme se compose du père et de la mère, d'une fille qui à 14 ans; de cinq domestiques, dont deux hommes, un pâtre et deux vachères.

Les instruments aratoires sont du pays, mais bons et remisés sous un hangar spécial.

Les équipages et attelages sont disposés dans un petit local qui leur est destiné.

Les bestiaux comptent quatre vaches race Cotentine, quatre veaux dont deux d'un an et deux de deux ans et quatre de cette année; le tout en très-bon état. Deux porcs et deux laitons, race Normande, font la porcherie.

Les écuries sont occupées par de bonnes bêtes Percheronnes.

Au bas de la cour est un bel abreuvoir, muré sur la voie publique, qui s'enrichit des eaux de la cour et du chemin.

L'assolement est quadriennal, mais il est quelquefois triennal, selon que les trèfles et les sainfoins durent d'années.

Les engrais sont parfaitement soignés et les purins bien économisés.

Des caniveaux disposés dans les écuries et étables reçoivent les purins qui s'en vont par un canal en pierres à une fosse où l'on dépose les grettes, terres, pailles et poussiers dont on fait un compost pour fumer les prés, et avec ses purins aussi on arrose la fumière.

Tous les bâtiments ont des greniers pavés pour les blés et les fourrages.

Une laiterie bien fraiche avec rayonnage en bois et pots en grès, est propre et tenue avec beaucoup de soin. On y voit une baratte tournante avec batteur fixe à l'intérieur et mécanisme au-dessus; on remarque aussi une chaudière économique.

M. Lefèvre a fait des travaux très-importants sur sa terre, il a créé des chemins et planté des arbres qui lui donnent déjà beaucoup de fruits à cidre. Après de nombreux déchaintrages et avoir assaini ses fossés qu'il a creusés et élisés, il en a transporté les terres dans ses champs qu'il a amendés en outre par l'emploi de la chaux mise dans des tas de terre et de fumier, en forme de tombe, qu'il a remués et brassés à plusieurs reprises et enfouis avant les semailles.

Il utilise des eaux qui viennent des terrains supérieurs, en les faisant couler par des fossés, qu'il a disposés à cet effet ; et, au moyen de barrages et de petites palles faits et placés ingénieusement dans plusieurs de ces fossés, il peut obtenir l'eau pour irriguer ses prés par des rigoles qu'il a faites lui-même.

La quantité des fumiers qu'il emploie est de 8 à 9 charretées d'engrais de paille par journal de 44 ares et en y mélangeant toujours de la chaux.

C'est ainsi qu'il est parvenu à obtenir de sa terre qui produisait peu, 15 hectolitres de très-beau blé au journal et 1,000 kilos de foin par hommée.

Les champs sont parfaitement clos de haies et de barrières, et les voies d'accès dans le meilleur état possible.

En résumé, cette petite ferme de Pressaussou, d'un aspect et d'une régularité remarquables, est cultivée avec beaucoup d'intelligence par M. Lefèvre, en homme qui sait mettre tout à profit.

L'ensemble de cette exploitation ne laisse en un mot rien à désirer sous tous les rapports ; ce qui lui donne droit à vos récompenses.

20e Ferme de La Motte.

A un kilomètre du bourg de Dangeul, se trouve la terre de La Motte, en ladite commune, composée de 38 hectares de terre labourable et de 15 en prés dont 13 fauchables et 2 en pâture.

Elle appartient à M. le comte de Galwey, et est affermée à M. Pierre Hamelin par bail de 12 années, qui ont commencé le 1er mai 1860, moyennant un fermage annuel de 4,500 francs, les impôts et des faisances.

Personnel.

Le maître et la maîtresse, quatre domestiques mâles, dont un pâtre, des vachères et des journaliers cultivateurs.

Bâtiments.

Grande et vaste cour autour de laquelle sont l'habitation du fermier suffisante et dans un état de construction, de distribution et de propreté remarquables. Laiterie bien située propre et fraîche avec baratte tournante, bon système, pour la fabrication du beurre.

Autres bâtiments bien distribués, parfaitement aérés et propres aussi, avec trottoirs de service dans les étables et écuries ; boxes pour mères et élèves; caniveaux pour l'écoulement des purins, mais sans bassins de réserve, ce qui est un tort que nous reprochons. Cependant, quelques purins coulent à la fumière qui est au milieu de la cour; mais ils sont absorbés sans produire d'effet, la fosse étant exposée à l'ardeur du soleil.

Déjections humaines utilisées pour fumure; jardin potager derrière la maison, parfaitement planté de légumes et de fruits et bien tenu. — Abreuvoir derrière les bâtiments.

Belle et vaste grange avec portes charretières.

Machine à battre système Benoit, avec manége couvert.

Toits à porcs, planchéiés, hauts et bien aérés.

Bestiaux.

Sont à la vacherie : trente-quatre bêtes à corne, dont un taureau d'un an, six génisses de même âge, race Cotentine, croisée Durham; le tout de très-bon choix et dans le meilleur état.

Occupent l'écurie : quatre juments poulinières, un poulain de l'année, deux pouliches de deux ans et un bidet, tous race Percheronne et très-beaux.

La porcherie se compose de trois truies et de deux verrats, race Craonnaise, l'un desquels a fait cette année soixante-huit montes à 3 fr. 60 cent. l'une.

Assolement.

Cette terre est menée en quatre soles.

La rotation de l'année occupe 9 hectares 24 ares de froment ; pareille étendue d'orge ; 5 hectares 28 ares de chanvre ; 1 hectare 32 ares de plantes sarclées et 2 hectares 64 ares de jachère. Les ensemencés sont nets de mauvaises herbes et dans un bon état.

Fumures et Cultures.

M. Hamelin a fait beaucoup de travaux d'amélioration; il a levé et employé cette année 3,800 mètres cubes de terrassements; depuis 4 à 5 ans, il en a fait et transporté dans ses champs 4 à 5,000 mètres chaque année.

Il fait des composts de terreaux, curures et chénevottes, qu'il met aussi par 2 à 300 mètres dans les prés après la faulx et il fume en outre ses champs par huit à dix charretées d'engrais de paille par journal de 44 ares.

Instruments Aratoires.

Ils sont ordinaires et bien remisés ; on remarque une chaudière économique Charlot.

Produit des ensemencés.

Il recueille année moyenne, 12 hectolitres de blé par journal et 1,000 kil. de foin par hommée.

La terre est bien plantée ; les champs bien clos et les voies d'accès bien entretenues.

Ses arbres fruitiers produisent 100 pipes de pommes par année.

Tel est l'ensemble de cette ferme, parfaitement tenue et qui mérite selon nous, un encouragement.

21° Ferme de La Jarrias.

La Commission s'est rendue à Meurcé où elle a visité la ferme de la Jarrias, d'une contenance de 35 hectares 20 ares de terre labourable ; 3 hectares 96 ares de prés fauchables et 1 hectare 65 ares de pâtures. Elle appartient à Melle Ernestine Ogier du Mans et est affermée à M. Louis Fouquet par bail de 9 années, dont 2 sont expirées, pour 3,000 francs, les impôts et des faisances. Elle fut exploitée avant, par un cultivateur qui y resta quelques années seulement, mais trop longtemps encore, car, loin de la cultiver convenablement, il la négligea beaucoup trop, ce qui rend plus difficile la tâche de son successeur qui, dans le but d'une bonne et prompte amélioration, est autorisé par sa propriétaire à suivre tel assolement que bon lui semblera.

Le personnel de cette ferme est composé du maître et de la maîtresse, qui sont laborieux et intelligents, cinq garçons dont un toucheur et un pâtre ; deux filles vachères et des journaliers.

Les bâtiments d'habitation sont bons, comfortables et propres ; mais ceux de l'exploitation rurale sont insuffisants et dans un très-mauvais état de réparations.

La laiterie est située au nord, dans un lieu frais et propre, et a des vases en grès ; une baratte, système Mettray, ou à peu près, à laquelle on applique un engrenage, est mue par un baudet.

Une machine à battre, système Benoist, a un manége couvert derrière la grange.

M. Fouquet sait parfaitement aménager ses engrais, il fait des composts qu'il emploie dans les prés, qu'il couvre en outre de terreaux.

Depuis le peu de temps qu'il est à La Jarrias, il a déchaintré tous ses champs et en a transporté les terres qu'il a employées comme terrassements.

Il fume en outre par 7 ou 8 charretées, ou 20 mètres cubes de fumier de paille, par étendue de 44 ares.

Le potager est très-bien planté et parfaitement entretenu; les déjections humaines y sont employées comme engrais.

Le sol de la cour est en pente et inégal. M. Fouquet en a fait niveler et encaisser une partie et il a édifié à ses frais devant sa maison une espèce de trottoir qui en facilite l'accès.

La rotation de l'année est de 8 hectares 80 ares en blé, orge, avoine avec trèfle; 5 hectares 28 ares de chanvre; 1 hectare 32 ares de pommes de terre et autant de vesces: ces ensemencés sont beaux: cependant le froment a été attaqué par la rouille, maladie que la sécheresse a empêché de se développer.

M. Fouquet chaule sa semence pour éviter la carie, en mettant 1 kilo de chaux très-vive et une poignée de sel délayés dans un baquet pour mouiller 25 litres de grains.

Ses bestiaux sont beaux et se composent de dix-sept bêtes à cornes dont six vaches laitières, normandes croisées, un taureau de deux ans, et deux génisses de deux ans, Durham-Normand.

Son écurie compte cinq juments de travail et un poulain race du pays.

M. Fouquet fait des travaux considérables pour l'amélioration de sa ferme; il couvre ses prés d'engrais et ne recule devant aucuns sacrifices. Il a refait à ses frais dernièrement un chemin d'accès qui était dans le plus mauvais état; il agit de même pour ses haies et clôtures.

Après son froment, M. Fouquet fera de la luzerne et y fera transporter des terreaux qu'il étendra quand cette plante aura atteint un an, ce qui est une très-bonne chose.

Les terres de La Jarrias ont produit depuis la jouissance de M. Fouquet 10 hectolitres de blé par journal de 44 ares et 1,000 kilos de foin par hommée de 33 ares; ces produits augmenteront encore.

Tel est l'ensemble de cette ferme qui était réputée l'une des meilleures du pays et qui, nous n'en doutons pas, reprendra son rang et sa réputation, ce qui justifiera ce vieux proverbe: *Tant vaut l'homme, tant vaut la terre.*

La Commission pense que M. Fouquet, bien qu'il n'occupe cette ferme que depuis deux ans mérite figurer au nombre de vos lauréats.

Ferme de La Cour.

Nous n'avons pu quitter la commune de Meurcé sans visiter, quoiqu'elle ne fût pas inscrite, une ferme qui nous avait été signalée par la bonne disposition de ses constructions et des fosses à fumier et à purins qui y sont établies.

C'est la ferme de La Cour, située près La Jarrias, appartenant à M. Pierre Catlois, propriétaire au Mans et exploitée par M. Cosson, fermier, composée de 35 hectares 20 ares de terre labourable et de prés et pâtures.

La cour, de forme régulière, fait un carré long, dont un côté par la maison du fermier, très-grandement distribuée et belle, et l'autre par deux étables et une écurie bien aérées, ayant toutes un passage de service et des caniveaux pour l'écoulement des purins, dans une longueur de 27 mètres. La grange du côté opposé, forme parallèle et est d'une longueur égale. — Greniers sur écuries et étables planchéiés en bois.

Chaque étable a des cheminées pour laisser échapper la vapeur des bestiaux.

Derrière ces étables et écuries, un trottoir de 2 mètres qui les sépare de la fosse à engrais et qui sert à transporter les fumiers dans cette fosse, de manière à faire plusieurs fumières successives. Un caniveau lo ge ce trottoir et conduit les purins dans un réservoir au bout, d'une capacité de 10 mètres cubes.

Comme construction, cette ferme peut être signalée comme un exemple des plus beaux bâtiments faits dans nos contrées.

Nous n'avons pu nous retirer sans admirer la propreté qui existe dans l'habitation du fermier et surtout dans une laiterie parfaitement fraîche à côté de laquelle est un petit local destiné à recevoir les charniers, garde-manger et autres ustensiles.

Une baratte tournante, système Lepelletier, avec mécanisme faisant mouvoir un batteur dont l'axe est perpendiculaire, fabrique 6 kilog. de beurre dans une demi-heure.

22° La Ferme du Grand-Chénay.

De Meurcé, la Commission est allée à Congé-sur-Orne, où elle a inspecté la ferme du Grand-Chénay, située audit Congé, dont est propriétaire exploitant M. Bazile Ménard, composée de 28 hectares 60 ares de terre labourable et de 9 hectares 24 ares de prés, dont 3 en pâture; plus un herbage de 6 hectares 16 ares à La Fresnaye.

Cette ferme est sans contredit l'une des plus belles exploitations du pays, située à 500 mètres de la route du Mans à Mamers par Ballon, sur le chemin qui conduit à Congé. Les bâtiments rayonnent autour d'une grande et vaste cour, parfaitement nivelée et bien encaissée, fermée par une barrière sur la voie publique; ils sont en très-bon état et suffisants pour l'habitation et l'exploitation; cependant la laiterie est trop petite.

De bonnes dispositions existent dans ces bâtiments par l'aération et la distribution pour la santé et la commodité des bestiaux et pour l'économie des purins par des caniveaux qui en facilitent l'écoulement à un bassin muré, d'une profondeur de 0m 66 sur une largeur de 1m 33, recouvert de planches.

Ces purins réservés sont tirés du bassin au moyen d'un seau et employés à arroser la fumière et des terreaux provenant des champs, grettes et curures dont on fait un compost pour fumer les prés.

Autour de cette fumière est une rigole où se rendent les eaux ménagères et de la cour, qui la maintiennent en état de fraîcheur et servent aussi à l'arroser.

Le potager est dans un état qui ne laisse rien à désirer; grand et parfaitement clos, il est planté de légumes, d'arbres à fruits et d'arbustes bien entretenus.

Un très-bel abreuvoir pour les bestiaux, se trouve dans la cour.

Au bout, on voit, isolé des autres bâtiments, un petit local qui sert à sécher le chanvre que l'on met sur une claie sous la quelle est une corbeille en fonte, chauffée par du coke, disposée de manière qu'il n'y ait aucun danger d'incendie.

Dans cette cour aussi, grande et vaste grange à grains, avec portes charretières. Machine à battre dont le manége est couvert.

M. Menard terrasse ses prés et fait des déchaintrages et défrichements dont il transporte les terres sur ses champs qu'il chaule aussi.

Les déjections des gens de la ferme sont employées comme engrais.

Il fume en outre ses terres par 25 mètres cubes d'engrais de paille par étendue de 44 ares.

Sa rotation de l'année occupe 7 hectares 92 ares de froment, 5 hectares 28 ares de trèfle et d'orge, 66 ares de pommes de terre, 4 hectares de chanvre et le reste en pâture et jachère.

Il baigne ses prés au moyen d'un ruisseau réglementé sur lequel il a établi des barrages autorisés.

Ses bestiaux comptent huit vaches laitières, dont une race anglaise, et les autres race du pays; deux taureaux d'un an et de deux ans, race Cotentine; cinq veaux de l'année, sept taurailles et un poulain, quatre juments poulinières, dont une est suitée; ces animaux sont dans le meilleur état possible.

Il y a deux truies, dont une race Angevine, et cinq petits porcelets.

Les instruments aratoires sont bons et en partie perfectionnés; on y trouve une baratte, système Mettray, une chaudière économique Charlot; des charrues en fonte, une herse-demoiselle à dents de fer, un rouleau cylindrique; le tout bien remisé.

Les ensemencés sont très-beaux et bien fournis et les produits sont, année moyenne, de 22 à 24 hectolitres à l'hectare et de 5,000 kilos de foin sur pareille étendue de prés.

En un mot, cette propriété de M. Menard, exploitée par lui-même, sa femme et leur fils, à l'aide de cinq hommes, domestiques dont un pâtre, et deux vachères, est on ne peut mieux cultivée et son ensemble ne laisse rien à désirer. Nous vous proposons de lui donner une prime d'encouragement, en vous faisant les mêmes observations que nous avons faites déjà pour les cultivateurs herbagers.

23° Les Fermes de La Giroudière, Les Regrattières et Les Bas-Hêtres.

La Commission a terminé ses visites par l'inspection de la propriété de M. Hupier, ancien docteur-médecin, ancien président du Comice Agricole de Mamers, qui se compose de trois fermes situées à Lignières-la-Carelle et au Chevain, nommées La Giroudière, Les Regrattières et les Bas-Hêtres.

La première renferme 66 hectares, dont 38 de terre labourable et 27 en prés ou pâtures.

La deuxième comprend 35 hectares, dont 19 en terre labourable et 16 en prés ou pâtures.

La troisième occupe 2 hectares, dont 1 hectare 50 ares en labours et 50 ares en pré ou luzerne.

Il y a en outre une pâture de 5 hectares, qu'il afferme, et 31 hectares de bois qu'il exploite.

Il y a dix ans que M. Hupier a acheté ces propriétés qui, avant lui, étaient dans le plus déplorable état; beaucoup de terres étaient laissées en jachères, les champs mal cultivés, point fumés; les haies et chaintres de 8 à 10 mètres de largeur; les prés sans égouts, sans irrigations; les joncs, les ronces et les épines et toute espèce de mauvaises herbes croissaient partout.

Les bâtiments étaient dans le plus mauvais état; les taillis abandonnés; on ne voyait de rigoles nulle part; l'eau croupissait en tous lieux et cela par l'incurie du propriétaire et des fermiers qu'il avait.

M. Hupier s'est appliqué à améliorer et embellir, non-seulement ses réserves, mais encore les fermes qu'il a louées, La Giroudière pour 8 ou 12 ans et Les Regrattières pour 12 années.

Aujourd'hui, la propriété a complétement changé; les bâtiments d'habitation et d'exploitation des fermes sont parfaitement bien distribués et confortables; des conduits sont pratiqués partout pour le passage des urines, en attendant la confection de fosses spéciales, où elles se rendront par des drains qu'il doit établir.

Il a commencé une porcherie qu'il divise en quatre parties par des planches en chêne de 0m04 d'épaisseur, qui entreront dans des coulisses et formeront des cloisons de 1m15 de hauteur.

M. Hupier a, vraiment, fait des travaux immenses dans l'intérêt de l'agriculture; il a déchaintré, terrassé et fait, à ses frais et sans y être engagé par les baux, 700 mètres environ de rigoles; il a construit un chemin qui traverse la partie la plus importante de la propriété, a utilisé les fossés qui le bordent, de sorte qu'il fait arriver sur la portion la plus élevée de deux prés, une quantité considérable d'eau chargée de principes fertilisants, qui autrefois séjournaient dans les fossés des champs, dans les taillis, dans un chemin boueux et dans les sentiers.

Enfin il a exécuté des travaux de la plus grande utilité dans l'intérêt de l'exploitation et pour l'assainissement de ses bois, par des rigoles et lignes, où ils devront mieux pousser et augmenter par là son revenu; et, en outre, par des saignées dans les fossés où il a mis des tuyaux de drains, ainsi qu'aux entrées des champs et prés, de dimensions différentes, selon la plus ou moins grande quantité d'eau qui passe ordinairement par ces fossés. en mettant jusqu'à deux drains côte à côte et même un troisième au-dessus lorque le besoin l'exigeait.

La conduite des eaux dans les prés est bien entendue et peu couteuse; son drainage étant ainsi fait à ciel ouvert, offre en même temps l'agrément de la promenade en été dans ses bois.

Il a exécuté ces chemins, lignes, sentiers et rigoles sur une étendüe de 5,800 mètres au moins.

Il a fourni à ses fermiers, gratuitement, de la chaux, des tourteaux de colza à mettre en terre, des graines fourragères; mais malheureusement ses fermiers ne répondent pas aux améliorations qu'il fait, car il a un bon laboureur à La Giroudière et c'est tout son mérite.

M. Hupier a fait clore à ses frais, et sans qu'il en coûte rien à ses fermiers, une vingtaine de champs ou prés avec des lisses qui sont appendues à un poteau au moyen de ferrures disposées de telle sorte que la lisse puisse être mue en tous sens; il a trouvé le modèle de ces charnières en Auvergne, au prix de 1 fr. 80. Elles sont solides et leur pose en est facile. Le bout des lisses entre dans une échancrure faite à l'autre poteau et on peut les fixer solidement au moyen de chevilles en bois qui se trouvent couchées sur la face supérieure du bout de la lisse.

Dans certains endroits, il a remplacé la cheville de bois par une cheville en fer, dont la tête aplatie est traversée par un petit boulon qui se visse dans un écrou fixée à la lisse, au moyen d'une clef à pointe. — Ces poteaux consistent tout simplement en pieds d'arbres, de grosseur moyenne, dont le tronc goudronné est fixé dans le sol.

Nous avons cru devoir vous donner la description de cette clôture qui est vraiment ingénieuse. solide et peu coûteuse.

M. Hupier a une pépinière de 600 pieds d'arbres qu'il préserve du puceron lanigère en arrosant chaque pied avec du lait de chaux et en badigeonnant avec de l'huile de lin, les portions envahies.

Il a fait arracher un taillis de 5 hectares qui rapportait 7 à 800 francs tous les neuf ans; ses frais ont été couverts par la vente des racines, des baliveaux et par une excellente récolte d'avoine.

L'année suivante, il a loué ce terrain 600 francs pour y faire une récolte de blé; depuis, il en a fait un pré qu'il loue 300 francs et dont il espère 100 fr. de plus en deux ans.

En un mot, M. Hupier a fait des travaux immenses qui ont transformé complétement les trois exploitations dont nous parlons. Ces travaux, s'ils ont pour objet un intérêt privé, ont pour effet aussi l'intérêt général, puisque en les exécutant, M. Hupier a rendu à l'agriculture des terrains que la négligence de ceux qui l'ont précédé laissait incultes.

Les améliorations que nous venons de vous signaler méritent d'être mentionnées spécialement.

Nous terminons, Messieurs, ce long rapport qui constate qu'un mouvement heureux vers les améliorations agricoles se manifeste sur tous les points de l'arrondissement de Mamers; car, si, comme nous vous l'avons dit en commençant, nous n'avons pas trouvé que les dix-neuf autres fermes admises à concourir fussent dans des conditions de nature a être primées par vous, nous pouvons cependant en citer plusieurs honorablement.

Si vous comparez, Messieurs, les cinq Concours agricoles départementaux que vous avez faits depuis 1860, vous trouverez une émulation vraiment louable chez les cultivateurs de notre département, par le nombre toujours croissant des concurrents qui :

En 1860 n'était que de	7.
En 1861	18.
En 1862	21.
En 1863	28.
Et qui est en 1864 de	42.

Si, à un autre point de vue, vous voulez vous rendre compte du progrès obtenu dans l'arrondissement de Mamers, depuis quatre ans, il vous suffira de savoir, par la lecture des rapports qui vous ont été faits, que chez la majeure partie des fermiers la culture de la terre n'est plus une opération de pure tradition, et que les vieilles méthodes de la routine font place aux découvertes modernes dans l'exploitation des champs.

Le déchaintrage, qui rend à l'agriculture des terrains jusqu'alors incultes; les terrassements qu'il facilite; le défoncement fait avec discernement; les fossés d'égout, le drainage, telles sont les améliorations qui jusqu'en 1860, n'étaient qu'une exception et se sont généralisées depuis dans l'arrondissement de Mamers. Les cultivateurs que nous avons vus et interrogés dans nos visites, sont pénétrés de cette vérité que la richesse du sol provient toujours de la profondeur de la couche arable, dans laquelle les plantes trouvent un support plus solide, une nourriture plus constante pour leurs racines et une fraicheur presque constante; d'où il suit que cette profondeur est une nécessité absolue pour les plantes à racines pivotantes, les racines en général, les luzernes, etc.

Cependant, Messieurs, nous devons à la vérité de vous dire que l'arrondissement de Mamers ne se distingue pas par l'emploi des instruments aratoires perfectionnés, que l'on ne trouve que dans quelques fermes que nous vous avons signalées. On devrait savoir cependant que, sans ces machines qui remuent, bouleversent et roulent en tous sens les terres, on ne peut ameublir parfaitement le sol.

L'arrondissement de Mamers diffère en cela de celui de La Flèche où on a la pratique des instruments aratoires perfectionnés.

Il diffère aussi de celui de Saint-Calais pour l'économie des engrais, par la réserve et l'emploi des purins et des déjections humaines.

Dans presque toutes les fermes que nous avons visitées dans l'arrondissement de Saint-Calais, nous avons trouvé des fosses à purins.

Dans l'arrondissement de Mamers, au contraire, il n'en existe pas, ou peu, bien peu.

Presque nulle part on ne trouve la réserve des engrais humains.

C'est une remarque que nous avons faite à regret en reprochant cette incurie aux cultivateurs qui le méritaient.

Puissent les enseignements que nous leur avons donnés! leur faire apprécier cette opinion si juste et si vraie des chimistes et agronomes les plus distingués, *« que les substances contenues dans « les urines offrent une composition analogue à celle du Guano « riche et non falsifié: et que l'engrais par excellence est l'urine qui « renferme en même temps tous les éléments essentiels; l'humus, « les sels et la matière azotée. »*

Votre Commission conclut, Messieurs, à ce que vos primes soient décernées comme il suit :

1° A MM. L'Aigle des Mazures et Richer-Levêque, *ex-æquo*, un 1er prix de 200 francs, soit à chacun 100 francs avec une médaille de vermeil et un ouvrage d'agriculture ;

2° A MM. Bary et Lucas, *ex-æquo*, un 1er second prix de 100 francs, soit à chacun 50 francs avec une médaille d'argent et un ouvrage d'agriculture ;

3° A MM. le marquis de Courcival et Bonouvrier, *ex-æquo*, un 2e second prix de 100 francs, soit à chacun 50 francs, avec une médaille d'argent ;

4° A MM. Besnard et Pichon, *ex-æquo*, un 1er troisième prix de 50 francs, soit à chacun 25 francs avec une médaille d'argent ;

5° A MM. Hamelin et Lefebvre, *ex-æquo*, un 2e troisième prix de 50 francs, soit à chacun 25 francs avec médaille d'argent.

Mentions très-honorables avec médailles d'argent, par ordre de mérite.

1° M. Menard, à Congé-sur-Orne ;
2° M. Fleurida, à Saint-Antoine-de-Rochefort ;
3° M. Poupry, à Mamers ;
4° M. Taschcau, à Saint-Martin-des-Monts ;
5° M. Fouquet, à Meurcé ;
6° M. Police, à Saint-Ulphace.

Mentions honorables, avec médailles de bronze, par ordre de mérite.

1° M. Bajon, à Cormes ;
2° M. Tuvache, à Cormes ;
3° M. Beaumont, à Saint-Cosme.

Rappel de médaille d'argent décernée en 1860 :

M. Marchand, à Mamers.

Mentions honorables spéciales, par ordre de mérite aussi :

1° M. Hupier, à Mamers;

2° M. Morin, à Bonnétable;

3° M. Geslin, à Chérancé.

Citations honorables, par ordre de mérite, encore :

1° M. Labbé Florentin, au Bouillon, à Bonnétable;

2° M. Pataut, père, au Domaine, à Saint-Denis-des-Coudrais;

3° M. Caget, à Illette, à Saint Vincent-des-Prés;

4° M. Joseph Huron, à Bernay, à Montreuil-le-Chétif;

5° M. Levrard, à la Clairebolière, même commune;

6° M. Coupeau, à Cherreau.

Après la lecture de ce travail de répartition, nous nous empressons de vous dire, Messieurs, que si nous n'avons pas élevé les primes à un chiffre plus en rapport avec le mérite des Concurrents, c'est que nous nous trouvions placés entre deux difficultés aussi impérieuses l'une que l'autre;

D'une part; la faible somme qu'il ne nous était pas permis de dépasser; et d'autre part, le nombre des cultivateurs dignes de récompenses.

Nous finirons enfin, Messieurs, en payant un tribut d'éloges à MM. les Maires et à MM. les Présidents des Comices agricoles qui ont stimulé les cultivateurs apathiques à se faire inscrire au concours, et notamment à M. le Maire de Courgains et à M. le Président du Comice agricole de La Ferté-Bernard, qui, tous deux, chacun dans sa contrée, ont le plus contribué à vaincre cette apathie.

Le Secrétaire-Rapporteur de la Commission,

RACOIS.

Les conclusions de ce rapport ayant été adoptées par la Société d'Agriculture, Sciences et Arts de la Sarthe, à sa séance du 19 août 1864, la Commission s'est rendue à Mamers, le 25 septembre suivant, et a procédé à la proclamation et à la remise des récompenses ci-dessus indiquées, sous la présidence de M. le Sous-Préfet de Mamers, assisté de MM. le Maire et les Adjoints de la ville, Houdbert, président de la Société d'Agriculture, Sciences et Arts, et Boitel, inspecteur général de l'agriculture, qui avait bien voulu se rendre à cette réunion; et en présence de M. le Président et les Membres du bureau et du jury du Comice agricole du canton de Mamers.

Plusieurs fonctionnaires, magistrats et autres notabilités de la ville et de l'arrondissement s'étaient imposé le devoir de répondre à l'invitation qui leur avait été faite, en participant à cette solennité agricole.

Avant la distribution des prix, M. Houdbert, président de la Société d'Agriculture et de la Commission, a prononcé le discours suivant qui a été vivement senti et chaleureusement applaudi :

MESSIEURS,

S'il était nécessaire de produire des preuves matérielles des progrès qui se réalisent annuellement en agriculture, il suffirait des constatations qu'il a été donné à la Société d'agriculture de la Sarthe de faire depuis 1860 dans l'arrondissement de Mamers. Le rapport que vous allez entendre vous dira d'abord qu'en regard de sept concurrents qui s'étaient présentés il y a quatre ans, nous en comptons aujourd'hui quarante-deux; puis il vous exposera les principales améliorations que nous avons pu apprécier et qui sont précisément celles auxquelles il importe le plus que nous nous attachions dans nos pays : déchaintrages et terrassements nombreux, labours profonds, drainages pratiqués avec succès, prairies artificielles, luzernes, racines, plantes sarclées : transformations de marécages et de terres incultes en terres productives et couvertes de riches moissons; choix remarquables de bestiaux, heureux croisements de races, soins dans la tenue et dans l'aération des bâtiments, somme toute augmentation de produits et de revenus.

Voilà ce que nous avons vu et ce qui a servi de base à vos décisions. Nous ajouterons de suite, pour dire toute notre pensée, que nous eussions désiré trouver dans votre arrondissement ce que nous avons trouvé dans celui de La Flèche, plus de zèle et d'impulsion pour l'emploi des instruments perfectionnés, plus d'entente et d'économie dans la réserve des purins, des matières stercorantes, et spécialement des engrais humains, comme dans l'arrondissement de Saint-Calais. Mais une nouvelle période de quelques années fera, nous n'en doutons pas, disparaitre ces inégalités.

Car l'un des plus grands avantages des visites agricoles que font à intervalles réguliers les Commissions et les Comices, c'est de stimuler la concurrence, de proposer des exemples, d'encourager les entreprises et de donner matière à des enseignements précieux.

Ce qui est ressorti pour nous, MM, des observations comparées que nous avons pu faire dans le cours de nos explorations, c'est que dans les améliorations réalisées l'intelligence a la plus grande part, l'intelligence surtout aidée de certaines conditions qui favorisent et assurent son action.

Ce qu'il y a de plus opposé, MM, au progrès de l'agriculture, c'est la routine, c'est-à-dire l'ignorance. On peut avec raison se méfier d'une théorie agricole qui se fonderait exclusivement sur des raisonnements de cabinet et des analyses de laboratoires; mais on est bien plus en droit encore d'accuser une pratique aveugle qui ne s'éclaire pas et ne veut même pas s'éclairer de la science, car la science, en agriculture, comme en toutes choses, marque la voie la plus sûre et la plus courte pour arriver au but.

Le cultivateur a donc beaucoup à apprendre ; et voilà pourquoi, MM, nos écoles primaires rurales ne peuvent s'ouvrir trop largement non-seulement à tous les enfants qui s'y présentent, mais encore à toutes les notions justes qui ont rapport à la culture des champs; à ses avantages matériels et surtout à son importance et à sa dignité dans l'ordre intellectuel et moral. L'instituteur qui peut diriger son enseignement dans ce sens rend à la société d'éminents et d'immenses services. Nous ne lui demandons pas assurément un cours ni même des leçons d'agriculture, mais qui l'empêche, lorsque l'occasion se présente, et elle peut se présenter souvent, de donner des explications qui s'y rapportent? qui l'empêche, dans quelques excursions de la belle saison proposées à ses élèves comme récompense, de leur montrer la différence qu'il y a entre un champ bien cultivé et un champ confié à des mains inhabiles? d'indiquer comment les labours sont plus ou moins bien faits, comment les fumures sont appropriées à la nature du sol, et à l'espèce de la récolte, comment l'instrument aratoire est venu accélérer et perfectionner le travail? Pense-t-on qu'il ne fera pas naître ainsi dans l'esprit de l'enfant le désir de connaître, d'étudier, d'essayer et d'entreprendre? Hé bien, MM, vous le savez mieux que moi, celui qui essaie son intelligence et son industrie à la terre s'y attache; il la tourne, il la retourne, il ne la quitte plus. Développer l'intelligence agricole, c'est donc propager l'agriculture, c'est par conséquent aussi, diminuer ou même arrêter la dépopulation des campagnes.

Mais l'intelligence, MM, mais la science elle-même sont tout à fait impuissantes sans le nerf de toutes choses, sans le secours du capital. Il faut que le cultivateur ait ou se procure des avances. Le propriétaire a, sous ce rapport, d'immenses avantages. Il est maître de sa terre, il en dispose comme il l'entend; s'il l'a fatiguée, épuisée par quelque fausse spéculation il est sûr de lui rendre ce qu'il en a tiré, c'est là, il faut l'avouer une grande supériorité de position. Mais c'est de lui seul aussi qu'on doit attendre des essais, des entreprises, des résultats qui profitent aux autres et souvent cela lui a coûté fort cher en sacrifices pécuniaires et en déceptions. A ce titre, MM., les propriétaires cultivateurs ont incontestablement droit à nos encouragements, toutes choses se balançant d'ailleurs, et nous en primons deux aujourd'hui qui se sont distingués en tête de tous les autres concurrents.

Quant à ceux qui cultivent une terre affermée, il semble juste aussi, pour que leur intelligence et les avances dont ils peuvent disposer leur profitent, ainsi qu'ils y ont droit, que, comme plusieurs de ceux que nous signalons dans notre rapport, ils aient des conditions de temps et de liberté d'action plus larges que communément il ne leur en est accordé. « Un bon assolement, dit « un excellent manuel élémentaire d'agriculture, doit varier « d'après le climat, la position de l'exploitation, les besoins et les « ressources du cultivateur. » En peut-il être ainsi, lorsque le cultivateur est enserré dans les liens d'un bail trop restrictif?

Je sais que le propriétaire a besoin d'être sauvegardé contre des abus possibles et même assez fréquents. Mais ne saurait-on trouver à cet état de choses un correctif facile et efficace? Pourquoi dans les difficultés, les contatations même qui pourraient survenir entre le propriétaire et le fermier à qui une latitude assez grande aurait été laissée, n'aurait-on pas recours à une institution arbitrale? Pourquoi l'agriculture n'aurait-elle pas son conseil de prud'hommes ainsi que l'industrie, et un conseil ne serait-il pas tout formé et tout institué dans les Comices Agricoles tels qu'ils existent, s'il leur était attribué une juridiction et des pouvoirs suffisants? je ne sais si je m'abuse, MM, mais je désirerais que cette idée fut trouvée assez vraie pour qu'on essayât au moins de la convertir en pratique. « Je la livre à M. l'Inspecteur Général de l'agriculture « qui nous fait l'honneur d'assister à cette séance. »

J'ai dit les conditions qui favorisent pour le cultivateur l'action de son intelligence, j'ajoute qu'il en est d'autres qui en assurent le succès.

La profession d'agriculteur n'est pas de celles où la vie s'écoule exempte d'ennuis et de tribulations. Si l'on peut dire encore avec Virgile à un certain point de vue sérieux et vrai: *O fortunatos!* Heureux l'homme des champs! Ce n'est certes pas à cause du doux loisir qu'il peut goûter couché à l'ombre d'un vieux hêtre. La fatigue et le rude labeur sont son partage, il s'y dévoue, je le veux, il s'y livre tout entier; mais après qu'il a dépensé ses sueurs, son intelligence et son avoir à bien disposer la terre et à lui confier la semence, que peut-il ? les intempéries des saisons, les fléaux de toute espèce, est-il en son pouvoir de les combattre ? qui le soutiendra dans ses découragements, qui lui donnera la force et la persévérance nécessaires pour les surmonter, si ce n'est sa foi dans la Providence, son recours par la prière à la bonté de Dieu ? qui entretiendra dans sa maison, cet esprit d'ordre, de régularité, de soumission, cette union, cette bonne entente qui atteint l'estime et la confiance, qui sont pour toute entreprise les principaux éléments de succès et semblent une bénédiction céleste, si ce n'est cette religion divine qui empreint de charité les devoirs de chacun et les fait accepter comme une mission sainte ? MM, ces conditions excellentes nous les avons trouvées chez vous dans nos explorations, et vous pouvez proposer à ce point de vue des exemples édifiants, nous sommes heureux de vous le dire. Mais, qu'avons-nous besoin de vous les signaler et de vous montrer ainsi comment la prière vient au secours du travail ? L'Église, n'a-t-elle pas à ce sujet assez d'enseignements ? Dans sa sollicitude maternelle n'a-t-elle pas des prières et des fêtes pour les biens de la terre, et vous-même n'avez-vous pas voulu que cette belle solennité, que cette fête de l'agriculture commençât par des prières et des actions de grâces à celui de qui nous tenons tout !

C'est donc avec une vive satisfaction que nous venons distribuer parmi vous des récompenses bien méritées. Et, comme si ce n'était pas assez pour les peines que nous nous sommes données, vous y ajoutez les honneurs d'une réception des plus flatteuses, en nous entourant de toutes les notabilités qui se distinguent dans le pays par leur position sociale, par leur intelligence et leurs bienveillantes sympathies. Aussi nous vous adressons avec effusion, au nom de la Société d'Agriculture, Sciences et Arts de la Sarthe, nos sincères remerciements. Nous les adressons à M. le Sous-Préfet en qui se personnifie ici l'auguste et puissante impulsion que nous nous efforçons de seconder, à M. le Maire, à M. le Président du Comice Agricole de Mamers qui ont organisé cette belle et touchante solennité, et nous vous laissons, en vous quittant, l'expression de notre gratitude. Mais nous ne vous disons pas adieu, nous nous ajournons au contraire à vous revoir après une période pendant laquelle l'élan que nous avons constaté dans votre arrondissement aura de plus en plus propagé sa bienfaisante action

Le Secrétaire de la Commission,

RACOIS.

Mamers. — Imp. J. Fleury. — 1864. (847)

www.ingramcontent.com/pod-product-compliance
Lightning Source LLC
LaVergne TN
LVHW050430160826
845677LV00002BA/638

* 9 7 8 2 3 2 9 6 8 2 7 3 0 *